Katrin Bringmann

WORKING MOM!

20 Power-Tools für den Wiedereinstieg in den Job*

*nicht nur für Mütter

Widmung

Dieses Buch ist allen Frauen gewidmet, die sich trauen, den Wiedereinstieg mit voller Energie anzupacken: ihr werdet es schaffen!

Und meinen drei liebsten Menschen –
Sebastian, Emily und Samy.

Inhaltsverzeichnis

Vorwort

Du hältst dieses Buch in den Händen, weil du nach einer Auszeit von deinem Berufsleben, die du vielleicht mit der Versorgung und Erziehung deiner Kinder verbracht hast, an einen Wiedereinstieg in die Arbeitswelt denkst.
Du möchtest etwas in deinem Leben ändern – und das hat mit deinen Wünschen und Träumen zu tun, die nach wie vor in dir schlummern.
Du wirst in diesem Buch kein großes Lamentieren über die schlechtere Lage von arbeitenden Müttern in Deutschland, oder Ungerechtigkeiten in der Lohnstruktur finden.

All diese Ungereimtheiten sind mir bekannt. Ich habe unzählige Bücher, Studien und aktuelle Aufsätze dazu gelesen und kann mich sehr darüber aufregen, wie weit wir von einer echten Gleichberechtigung entfernt sind. Aus den vielen Interviews, die ich mit Kolleginnen, Freundinnen, Frauen, die es „geschafft" haben geführt habe, wurde deutlich: Das Thema Wiedereinstieg und Vereinbarkeit von Familie und Beruf brennt vielen unter den Nägeln. Der Wiedereinstieg nach längerer Pause wird stets als große Herausforderung angesehen: *Schwierig, erschöpfend* und *mühsam* – diese Worte fielen immer wieder. Doch gleichzeitig wurde auch deutlich: Es lohnt sich! Kinder zu haben ist einfach großartig. Wieder arbeiten zu können beschert uns zusätzlich Freude und tiefes Glück. Beides zusammen zu erleben erfüllt die meisten der befragten Frauen mit großer Zufriedenheit.

Ich möchte hier, mit diesem Sach- und Arbeitsbuch mit dir zusammen den Blick nach vorn richten und deine Zukunft Schritt für Schritt aktiv gestalten – und zwar von innen heraus. Dabei nehme ich dich gerne an die Hand, zeige dir Möglichkeiten den riesigen Berg, den du vielleicht vor dir siehst und der dir Angst macht, Stück für Stück abzutragen. Du wirst mehr Klarheit bekommen darüber, was du in Zukunft beruflich auf die Beine stellen willst – und KANNST. All diese Veränderungen wollen auch gut kommuniziert werden. Deine Familie und dein Umfeld werden dir vielleicht nicht gleich um den Hals fallen, wenn sie merken, dass du dich in den nächsten Wochen vornehmlich um DICH und DEINE Karriere kümmern wirst.

In all diesen Schritten begleite ich dich, denn das ist meine Leidenschaft: Menschen dazu ermutigen, neue Wege einzuschlagen, Ideen in die Tat umzusetzen, ihre Denk- und Erinnerungsleistung zu verbessern und damit ihre Möglichkeiten, sich Wissen anzueignen um ein Vielfaches zu erweitern.
Ich möchte mit diesem Buch dazu beitragen, dass du ein gutes Selbstgefühl entwickelst, indem du lernst, deine persönlichen Ressourcen zu erweitern und deine Fähigkeiten, Stärken und Talente gezielt einzusetzen verstehst. Damit du dein privates Glück UND neuen, beruflichen Erfolg leben kannst.

Vielleicht bekommst du durch die intensive Auseinandersetzung mit dir und deinen Wünschen, Zielen und Fähigkeiten auch bestätigt: So, wie es ist, ist eigentlich alles gut. Die Zeit ist für mich persönlich noch nicht reif für den Schritt in den Job. Mir gefällt mein Leben und es erfüllt mich. Auch in diesem Fall ist vieles gewonnen, denn du hörst vielleicht auf, ständig zu zweifeln oder dich nur halbherzig um deine Familie zu kümmern.

Wenn du aber den großen Wunsch hast, deine beruflichen Kenntnisse und Netzwerke aufzupolieren und in einem beruflichen Kontext, der zu dir passt, einzusetzen, dann wirst du hier viel Unterstützung finden.

Dass dies ganz ohne Zeit und Energieaufwand gehen wird, hat keiner gesagt – natürlich gibt es kein Lernen im Schlaf. Doch ich verspreche dir: Der Einsatz lohnt sich und wird lange nachwirken. Die Methoden, die du kennenlernst, wirst du immer wieder, auch in anderen Bereichen deines Lebens, erfolgreich anwenden können.

Selbstverständlich habe ich alle Tools selbst ausprobiert, wieder und wieder, bis ich das Gefühl hatte: Jawohl, jetzt ist es rund. Das klappt, das bringt mich voran. Mir machen die Übungen Spaß und Hoffnung – und Lust auf mehr. Genau damit möchte ich dich anstecken. Dass du voller Zuversicht zu neuen Ufern aufbrichst, deine Träume und Ideen verwirklichst, denn: Dies ist DEIN Leben – lebe es, du hast nur dieses eine.

SEI DIE HELDIN DEINES LEBENS, NICHT DAS OPFER. *Nora Ephron*

Was genau erwartet dich auf den nächsten Seiten? Du wirst in diesem Ratgeber & Arbeitsbuch konkrete Tools für dein nächstes Vorstellungsgespräch, den erfolgreichen Wiedereinstieg in deinen „alten" Job oder das tatkräftige Gründen deines ersten, eigenen Start-ups, finden.

Dieses Super.Power.Paket wird dich in den kommenden Tagen und Wochen exzellent vorbereiten, damit du gut gerüstet und mit viel Selbstbewusstsein in Jobinterviews, Kennenlerngespräche, Netzwerktreffen, Veranstaltungen und viele andere neue Situationen gehen kannst. Kurz und knapp, praktisch, persönlich – du kannst dieses Buch immer in deiner Handtasche dabeihaben und jederzeit darin lesen, um deine Kompetenzen im Lernbereich zu optimieren und dich für jeden großen und kleinen Auftritt zu wappnen.

Dabei helfen dir die **20 Power-Tools**. Wie zum Beispiel eine genaue Analyse deiner Lebensvorstellungen und -ziele: „Wo willst du hin?“ und „Was hast du schon geschafft?“ Oder *Die Selbst-Collage* zur Visualisierung derjenigen Dinge, die dir wirklich wichtig im Leben sind, *Speedreading* und *Mindmapping* für deinen raschen Wissenszuwachs. Außerdem *Positive Rhetorik* für deine Gehaltsverhandlung und andere wichtige Gespräche, die anstehen werden.

Gerade wenn du den Eindruck hast: Es ist alles zu spät, ich kann nichts mehr, mein Studium und meine Ausbildung sind gefühlte Jahrzehnte her, ich habe in den letzten Jahren kaum etwas für mein berufliches Fortkommen getan und fühle mich absolut nicht bereit für den heutigen informationsexplodierenden Arbeitsalltag da draußen – gerade dann bist du hier richtig.

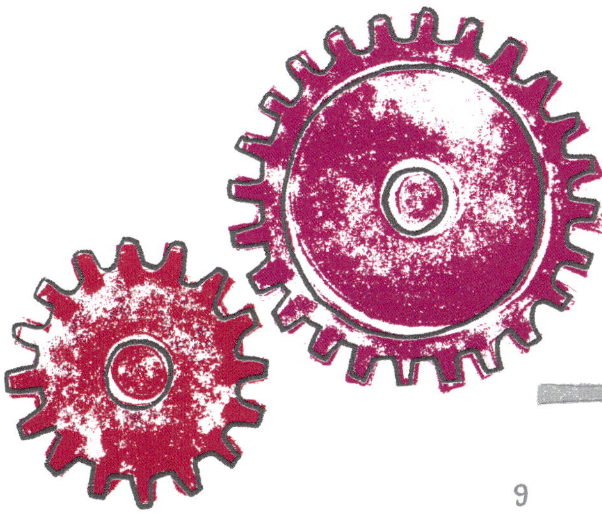

TOOL 1–9

TEIL 1 DIE VORBEREITUNG – REFLEKTIEREN, PLANEN, IDEEN FÜR DIE ZUKUNFT SAMMELN

DAS BIST DU UND DA WILLST DU HIN.

ZUR ORIENTIERUNG

Hier findest du die praktischen Tools auf einen Blick.

STEP Step by step lernst du die einzelnen Tools kennen.
Natürlich kannst du vorn beginnen zu lesen.
Musst du aber nicht – kreuz und quer funktioniert es auch.

Du bist gefragt: An diesen Stellen gibt's Platz zum Schreiben, Zeichnen, Kritzeln.

TOOL-BOX Die wichtigsten Infos in Kurz & Knapp

STEP 1 ZURÜCK IN DEN JOB – CHECK DIE LAGE!

TOOL 1
DEIN PERSÖNLICHER WERDEGANG

Vor einiger Zeit kam Lisa zu mir ins Coaching. Nach 10 Jahren wollte sie wieder in ihren Beruf einsteigen. Sie hat eine exzellente Ausbildung genossen, Studium mit Auszeichnung, verschiedene Auslandsstationen und dann ihren ersten Job sehr erfolgreich bewältigt. Nun hat sie drei Kinder und kommt ziemlich gehetzt und ein bisschen verzweifelt zu mir ins Coaching. Trotz ihrer früher erfolgreichen, beruflichen Laufbahn und ihrem Dasein als Mutter dreier gesunder, fröhlicher Kinder, wirkt sie ein wenig wie ein kleines, unbeholfenes Küken, das neu und verloren auf dem großen Arbeitsmarkt und im Dschungel der Jobangebote herumirrt.

Lisa: *In meinem Studium habe ich viele gute Gedanken gehabt, was ich alles Tolles aus meinem Leben machen will: Ich habe BWL studiert, dazu ein bisschen Chinesisch gelernt, um meine Chancen auf einen guten Arbeitsplatz zu erhöhen. Mein erster Job war in einer Bank und dort bin ich in unterschiedlichsten Positionen geblieben. Es war ein guter Job, sollte aber eher Startrampe für einen anderen, spannenderen Job in einem Wirtschaftsunternehmen sein, zum Beispiel im Bereich Design und Mode. Dann wurde ich schwanger – mein Lebenstraum!*
Nun habe ich 10 Jahre lang meine drei Kinder großgezogen und möchte unbedingt wieder arbeiten. Wie gehe ich das an?

„Ok, Lisa – was hast du in dieser Zeit alles gemacht?"

Na, eigentlich nichts. Schwanger geworden, Kinder bekommen und sie erzogen, unseren Haushalt geschmissen, meinem Mann den Rücken freigehalten, zu Elternabenden gegangen, Kindergeburtstage organisiert, unseren Garten angelegt, gepflegt und so weiter.

„Das kannst du doch nicht „nichts" nennen! Das ist doch eine ungeheure Menge, Lisa! Hast du außerdem in den letzten Jahren mit deiner Bank Kontakt gehalten? Wissen die, dass du zurück möchtest und ihnen wieder zur Verfügung stehst?"

Lisa denkt nach: *Zuerst habe ich meine Leute regelmäßig besucht und sie haben mich auf dem Laufenden gehalten. Aber irgendwann kam ich mir so fehl am Platz vor, immer mit einem brüllenden, sabbernden Kind auf dem Arm, unkonzentriert, nicht mehr in der Materie … Da habe ich es dann gelassen. Und zurück in dieselbe Branche möchte ich vielleicht gar nicht; ich habe mich verändert, jetzt kann auch gern etwas anderes kommen, etwas Kreativeres, mit mehr Sinn, weißt du?*

Gut, ok. Du willst also wieder beruflich durchstarten, weißt aber noch nicht genau, wo und wie. Vielleicht zunächst zurück in deine alte Bank, um in deinen ehemaligen Job wieder einzusteigen. Oder du möchtest etwas Neues ausprobieren – du weißt allerdings noch nicht genau, was das sein könnte. Richtig?

Lisa nickt.

Ich bin ganz sicher, dass das mit deiner Ausbildung, deinem Lebenslauf und deiner sympathischen Art klappen wird. Und ich möchte dir gern ein paar nützliche Tools an die Hand geben, mit denen deine Rückkehr in den Beruf auf jeden Fall erfolgreich verlaufen wird.

Ein wenig Arbeit und Vorbereitung sind jetzt gefragt – ich bin davon überzeugt, dass du dann gut gewappnet in dein erstes Jobinterview starten kannst.

Weißt du, Lisa, es gibt viele Frauen, die sich zwischendurch eine Pause von der Arbeitswelt und ihrer Karriere gegönnt und sich bewusst auf dieses Risiko eingelassen haben. Einige dieser Frauen mögen auf eine Art privilegiert sein, da sie wirtschaftlich sehr gut dastehen. Viele dieser Frauen haben die Pause aber auch genutzt, um sich neu zu orientieren, kreative Kräfte zu sammeln und dann mit viel Power erneut beruflich durchzustarten. Sie haben es geschafft, das Private und die berufliche Laufbahn in eine Balance zu bringen.

Daher möchte ich dich dazu ermuntern: Sieh deine Zeit „zu Hause" als wertvoll und wichtig an und bereue keine Sekunde davon: Es ist JETZT, in diesem Moment immer noch genug Zeit, dich neu zu orientieren und deine Karriere erneut anzustoßen, glaube mir.[1]

1 S. Lisen Stromberg, Work, Pause, Thrive, S. 6, "Many women who have enviable careers have paused. (…) Pausing takes the long view on one's career and honors the reality that sometimes we must reframe our priorities to meet the immediate needs of our family."

TOOL 1 DEIN PERSÖNLICHER WERDEGANG

Das allererste Tool hier ist eine Art Rückschau auf dein (berufliches) Leben: Wer bist du und was macht dich aus? Was hast du schon alles geschafft? Welche Schulbildung, vielleicht akademische Bildung, Berufsausbildung, Aus- und Weiterbildungen, welche Prüfungen, Zusatzqualifikationen, Seminare und weitere Erfahrungen machen dich und deinen Lebenslauf aus? Schau dir mal ganz in Ruhe deine Unterlagen von früher an: Gibt es Kurse, die du belegt und längst vergessen hast? Hast du vielleicht auch einen ehrenamtlichen Job gemacht? Du bist kein unbeschriebenes Blatt, Lisa, das ist sicher. Also versuche einmal ALLES zusammen zu sammeln, das deine Qualifikation ausmacht und deine besonderen Qualitäten und Fähigkeiten zeigt.

Das kannst du entweder als Liste aufschreiben oder auch ein Brainstorming davon erstellen. Du kennst so etwas sicher bereits und wirst später auf jeden Fall noch mehr darüber erfahren.

Weißt du, so eine reflektierte Rückschau, eine Feststellung des IST-Zustands mit all dem, was du bereits gemacht hast kann unheimlich viel Mut machen! Gerade nach einer längeren Zeit außerhalb des Berufslebens verlieren viele Frauen ein Stück Selbstwertgefühl und vergessen tatsächlich oft, was sie auf ihrem Karriereweg schon alles geleistet und absolviert haben.

Daher: Lass uns deine Erinnerung auffrischen! Schau in deine Unterlagen – du wirst positiv überrascht sein: Du kannst bereits jetzt eine ganze Menge als Erfolg verbuchen.

Na, was fällt dir dazu ein, Lisa? Hier darfst du dich richtig austoben.

Tool 1 Dein persönlicher Werdegang: Was **kannst du** und was hast du für **deine Karriere** bereits getan bzw. erworben?

▶ **Schulbildung, Ausbildung:** formale Qualifizierungen, Abschlüsse (z. B. mittlere Reife, Abitur an der Abendschule, Dissertation etc.)

▶ **Weiterbildung:** Seminare, Workshops, innerbetriebliches Lernen (z. B. Rhetorik-Kurs, Telefontraining, Programmiersprache etc.)

▶ **Privates Lernen:** Wochenend-Seminare, VHS-Kurse, Freizeitbildung (z. B. Italienischkurs, Judo schwarzer Gürtel, Französische Küche, Improvisationstheater etc.)

....

....

....

....

....

....

▶ **Sonstige Fähigkeiten:** nicht attestiert oder formal belegt, aber definitiv vorhanden

....

....

....

....

....

....

....

Siehst du: Du hast eine Menge gemacht. Vor und während deiner Kinder-Zeit. Du kannst stolz auf dich sein! Das ist ein tolles Fundament, auf das wir wunderbar aufbauen und so gemeinsam deinen Wiedereinstieg oder auch berufliche Neuorientierung angehen können. Ich sage dir: Durch die Bewusstmachung deiner Erfolge und das Erkennen deiner Stärken, all der Qualitäten, die dich als Spezialistin ausmachen, werden alle weiteren Schritte fast wie von selbst funktionieren. Also: Keine Panik! Keine Angst; du wirst durch meine Tools genügend Unterstützung haben, wirst dich schlau machen, dir über dich selbst und deine Eigenschaften bewusst werden und so wird Schritt für Schritt die Rückkehr ins Berufsleben – wohin sie dich letztendlich auch führen mag – ein voller Erfolg!

Das Allerwichtigste an dieser Stelle, bevor wir zum nächsten Tool kommen: Mach den ersten Schritt und das Wichtigste ist bereits getan! Nimm dein Leben selbst in die Hand, werde aktiv und hör auf, auf Impulse und Erlaubnis von außen zu hoffen!

Vergiss dabei, dass du eigentlich perfekt sein wolltest: Perfektionismus wird dich ebenso hemmen, schnell zum Erfolg zu kommen wie Prokrastination. Also fang an! Das Leben ist kein Schnittmuster! DO IT!

DO WHAT YOU CAN WITH WHAT YOU HAVE WHERE YOU ARE!

Theodore Roosevelt

STEP 2: REFLEKTIERE DEIN LEBEN: WER BIST DU UND WO WILLST DU HIN?

TOOL 2
DER MAGISCHE SPIEGEL

TOOL 3
DIE WERTEKARTE

TOOL 4
DIE SELBST-COLLAGE

TOOL 5
DIE WER-BIN-ICH-BLÜTE

TOOL 6
ZIELE & PRIORITÄTEN

TOOL 7
DAS 5-MINUTEN-SCHREIBEN

Lisa, hier ist der zweite Step unseres Crashkurses „Zurück in den Job“: Was genau ist dein **Ziel**? Wie sieht deine **Vision** aus? Wovon **träumst** du? Wo siehst du dich **heute in 5 Jahren**?

Lisa guckt erschrocken: *Vision? Ziel? So genau habe ich mir da noch keine Gedanken gemacht – ich wüsste gar nicht, wie ich anfangen könnte. Bisher ist alles so von allein gelaufen, in einiges bin ich einfach „reingestolpert“, hat irgendwie auch gepasst. Aber mir über MEINE persönliche Vision Gedanken zu machen? Keine Ahnung …*

TOOL 2 DER MAGISCHE SPIEGEL

Immer, wenn du an deine Lebens-Vision denkst, die deine innere Energie aktiviert und dich im besten Fall antreibt, knüpfst du an deine persönlichen Motive an: Wenn du an diese Vision denkst und sie vor dir siehst, wirst du einen gehörigen Energieschub spüren und Antwort auf die Frage: „Wozu das alles?“ finden. Ziele und Visionen sind also entscheidend dafür, wie weit du tatsächlich mit deinem Vorhaben kommst. Ob du nur schöne Gedanken im Kopf hin- und her wälzt oder tatsächlich konkrete Schritte gehst, hängt in hohem Maße von deiner Vision ab.

TOOL 2

Und daher hier für dich das Tool 2 **Der Magische Spiegel**: Schau in den Spiegel und stelle dir vor: Wie siehst du dich in 5 Jahren? Was wird wichtig für dich sein? Welches bunte, farbenprächtige Bild erscheint vor deinem inneren Auge? Und hierbei geht es auch um das Träumen, Lisa: denke nicht daran, was realistisch und möglich sein wird, sondern was du von ganzem Herzen willst. Ohne bereits darüber nachzudenken, WIE du dieses Ziel jemals erreichen sollst.

Der Magische Spiegel: Wo und wie siehst du dich in 5 Jahren?

Du darfst hier deine Träume, Ideen, Assoziationen notieren, skizzieren oder malen – alles ist erlaubt: Schau mit Vorfreude in deine Zukunft und geh mit Offenheit und positiven Emotionen darauf zu. Ohne schon an das WIE zu denken!

So sehe ich **mich** am .... im Jahre 20 ....

... ich und meine Familie:

... mein Lebensspruch:

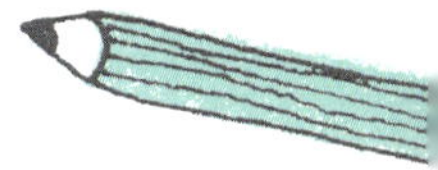

... meine Kompetenz, mein Wissen, mein Beruf:

... meine Leidenschaften, was mich glücklich macht:

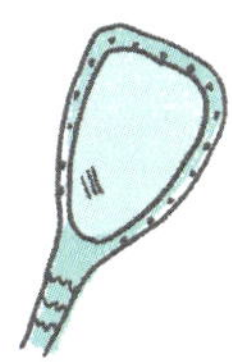

An deine Ideen zu glauben, deine Träume zu leben, dich selbst zu verwirklichen – all dies sind die Flügel, die dich zum Erfolg deines Wiedereinstiegs erheben werden. Dabei ist Erfolg nicht unmittelbar das Anhäufen von Vermögen, ein großes Haus oder Bekanntheit – du bestimmst ganz allein, was für dich Erfolg bedeutet. Und dazu passt hervorragend das nächste Tool, das ich jetzt aus meinem Koffer hole, nämlich:

TOOL 3 DIE WERTE-KARTE

Welche **Werte** des Lebens sind eigentlich wichtig für dich? Wo findest du dich wieder? Welches sind in der folgenden Liste die Begriffe und Ideen, mit denen du dich am ehesten identifizieren kannst? Die dein Leben bestimmen sollen?

Lisa schaut mich mit großen Augen an: *Aber wie finde ich denn auf die Schnelle meine Vision und meine persönlichen Werte? Da habe ich noch nie so intensiv drüber nachgedacht.*

Völlig klar, das geht auch nicht in 2 Minuten. Mein Vorschlag: Nimm dir eine Stunde Zeit, mach es dir mit einer Tasse Tee oder einem Glas Wein bequem, dort, wo du Ruhe hast, und gehe nach und nach durch den **magischen Spiegel** und die **Werte-Karte** hindurch. Bearbeite die Aufgaben in aller Ruhe, aber sei dennoch in deinen Antworten spontan. Notiere dir deine Gedanken in Stichworten, Notizen, Skizzen – alles, was dir gerade einfällt.

Unterstreiche z. B. in der **Werte-Karte** diejenigen Begriffe an, die zu dir passen, von denen du sagst: Ja, das bin ich, das passt zu mir, das ist mir wichtig. Und versuche dich bei der Auswahl der Begriffe am Ende auf die sieben wichtigsten zu **konzentrieren**.

DIE WERTE-KARTE: WELCHE BEGRIFFE PASSEN ZU DIR?

ABENTEUER
ABWECHSLUNG
ANREGUNG
AUFGESCHLOSSENHEIT
AUFRICHTIGKEIT
AUSDAUER
AUTHENTIZITÄT
BEGEISTERUNG
BERÜHMTHEIT
BESCHEIDENHEIT
BESTÄNDIGKEIT
BILDUNG
DANKBARKEIT
DEMOKRATIE
DENKVERMÖGEN
DISTANZ
DISZIPLIN
DURCHBLICK
DURCHHALTEVERMÖGEN
EHRGEFÜHL
EHRGEIZ
EHRLICHKEIT
EIGENSTÄNDIGKEIT
EIGENVERANTWORTUNG
EINFACHHEIT
EINZIGARTIGKEIT
EMPATHIE
ENTSCHEIDUNGSFREUDE
ENGAGEMENT
ENTSCHLOSSENHEIT
ERFAHRUNG

ERKENNTNISWILLE
FAMILIENSINN
FAIRNESS
FANTASIE
FLEIß
FLEXIBILITÄT
FREIHEIT
FREUDE
FREUNDLICHKEIT
FREUNDSCHAFT
FRIEDEN
FRÖHLICHKEIT
FÜRSORGLICHKEIT
GASTLICHKEIT
GEBORGENHEIT
GEDULD
GEFÜHL
GEGENSEITIGKEIT
GEISTESFREIHEIT
GELASSENHEIT
GEMEINSCHAFT
GENÜGSAMKEIT
GENUSS
GELASSENHEIT
GERADLINIGKEIT
GERECHTIGKEIT
GESETZ
GESPRÄCHSBEREITSCHAFT
GESTALTUNGSKRAFT
GESUNDHEIT
GEWALTFREIHEIT

GEWISSENHAFTIGKEIT
GLAUBE
GLEICHBERECHTIGUNG
GROßZÜGIGKEIT
GÜTE
HARMONIE
HERZLICHKEIT
HILFSBEREITSCHAFT
HÖFLICHKEIT
HOFFNUNG
HUMOR
IDEALISMUS
INNOVATION
INTELLIGENZ
INTUITION
KLARHEIT
KONSEQUENZ
KOOPERATION
KONTROLLE
KREATIVITÄT
KUNST
LEIDENSCHAFT
LEISTUNG
LERNBEREITSCHAFT
LIEBE
LEICHTIGKEIT
LOGIK
LOYALITÄT
LUST
MACHT
MENSCHLICHKEIT

MITGEFÜHL
MUSIKALITÄT
MUßE
MUT
NACHHALTIGKEIT
NÄCHSTENLIEBE
NÄHE
NATUR
NEUGIER
OFFENHEIT
ORDNUNG
OPTIMISMUS
PFLICHTGEFÜHL
PRAGMATISMUS
PRÄSENZ
PRO-AKTIVITÄT
PÜNKTLICHKEIT
REDEGEWANDTHEIT
RELIGIOSITÄT
RESPEKT
RISIKOBEREITSCHAFT
RÜCKSICHTNAHME
RUHE
SCHNELLIGKEIT
SCHÖNHEIT
SELBSTACHTUNG
SELBSTBEHAUPTUNG
SELBSTDISZIPLIN
SELBSTSICHERHEIT
SELBSTVERANTWORTUNG
SELBSTVERTRAUEN

SENSIBILITÄT
SICHERHEIT
SINN
SPAß
SPIRITUALITÄT
STÄRKE
SYMPATHIE
TEAMGEIST
TOLERANZ
TRADITION
TRANSPARENZ
TREUE
TÜCHTIGKEIT
UNABHÄNGIGKEIT
UNTERNEHMERGEIST
UNVOREINGENOMMENHEIT
VERANTWORTUNG
VERGNÜGEN
VERLÄSSLICHKEIT
VERSTÄNDNIS
VERTRAUEN
VERZEIHEN
VISION
VORAUSSCHAU
WÄRME
WERTSCHÄTZUNG
WISSEN
WOHLSTAND
WÜRDE
ZIVILCOURAGE

Unterstreiche im ersten Schritt spontan alle Begriffe, die dich grundsätzlich ansprechen, die zu dir passen, von denen du sagst: Ja, das bin ich, das ist mir wichtig.
Versuche dich dann auf die 10 wichtigsten dieser ersten Wahl zu **fokussieren** und notiere sie hier:

Meine 10 Lieblingswerte sind …

1 …………	6 …………
2 …………	7 …………
3 …………	8 …………
4 …………	9 …………
5 …………	10 …………

So, wie geht es dir nun damit? Hast du ein schönes, motivierendes inneres Bild aktivieren können? Wie fühlt sich das für dich an? Und WIE genau sieht dieses Bild aus?

An dieser Stelle möchte ich dich einladen: Sei wie ein Kind! Probiere einfach aus und leg los! Lehn dich zurück, nimm dir Zeit und mach deine Lieblingsmusik an: Die Arbeit an dir selbst wird dir sehr, sehr gut tun. Wann beschäftigst du dich schon mal über mehrere Stunden mit dir selbst, deinen Träumen, deinen Vorstellungen von der Zukunft, deinen persönlichen, sehr privaten Wünschen und Zielen? Viele meiner Coachees und Workshop-TeilnehmerInnen haben seit der Grundschulzeit nicht mehr mit Kleber, Schere und bunten

Stiften gearbeitet. Warum eigentlich nicht? Kreativität entsteht ja nicht auf Knopfdruck, sondern zwischendurch, beim Entspannen, im Urlaub – oder wie der Autor und Künstler Austin Kleon sagt:

> SCHAU AUS DEM FENSTER, SCHLENDERE UMHER, GEH RAUS, ISS EIN SANDWICH – NIMM DIR ZEIT, DICH ZU LANGWEILEN: KREATIVE MENSCHEN BRAUCHEN ZEIT, EINFACH NUR HERUMZUSITZEN UND NICHTS ZU TUN.[2]

TOOL 4 DIE SELBST-COLLAGE: BUNT, SCHÖN, PERSÖNLICH!

Arbeite ruhig auch analog: Schneide Bilder aus, male, skizziere, klebe alles zusammen – bastele dir eine **Selbst-Collage**. Das ist kreativ und wird noch einmal ganz andere Kräfte und Ideen in dir wecken als eine schnöde Liste

2 Austin Kleon (in: Alles nur geklaut, 2012, S. 60)

oder ein Stichwortzettel im Computer. Und frag ruhig auch mal deinen Partner/ deine Partnerin, eine gute Freundin oder auch deine Kinder: Wie seht ihr mich? Manchmal ist es ganz interessant und erhellend, neben seinem Eigenbild auch einmal das Fremdbild präsentiert zu bekommen. Schau mal, dies ist eine sehr schöne Collage einer Teilnehmerin meines „Empowerment-Workshops“. Ich bin sicher, du findest darin Anregungen für dein eigenes Bild.

Tool 4 **Die Selbst-Collage: bunt, schön, persönlich!**

Her mit den alten Zeitschriften und Magazinen! Schere, Kleber, Tusche – jetzt ist deine Kreativität gefragt!

Um das Ganze abzurunden, hier ist Platz für deine Collage:

TOOL 5 DIE „WER-BIN-ICH BLÜTE“

Hier darfst du dir ein paar Minuten Zeit nehmen, um über Fragen nachzudenken wie: Was ist dein „innerer Motor“? Was kannst du richtig gut? Wie sieht dein perfekter Tag aus? Und was bewegt dich, beschäftigt dich – macht dir vielleicht auch manchmal Sorgen? Denk daran, was DICH glücklich machen würde, nicht, was deinen Partner, deine Kinder, deine Eltern oder Freunde glücklich macht.

Weißt du, ich habe im Laufe meines Lebens sehr interessante und bewegende Schicksale von Menschen kennengelernt: So erzählte mir ein Coachee, dass er erst im hohen Alter von 70 Jahren anfing zu singen. Singen, Theater und auf der Bühne stehen, das war immer sein Lebenstraum. Da er im Berufsleben nie dazu gekommen war und durch unglückliche Umstände und familiäre Verpflichtungen daran gehindert wurde, begann er erst nach seiner Pensionierung, Gesangsunterricht zu nehmen. Er sang selbst dann weiter, als er das Kopfschütteln in seiner direkten Umgebung sah. Sein Lebenstraum war stärker. Er übte und übte und wurde immer besser. Mittlerweile tritt er regelmäßig auf. Sein Publikum liebt ihn und er ist überglücklich. Weißt du nun, was ich meine?

Als kleine visuelle Hilfe hier das Tool, in das du einfach alles eintragen kannst, was dir zu deinem eigenen Profil einfällt:

Auch dieses Tool ist nichts für zwischendurch – und etwas, das länger dauern könnte. Nimm dir also immer wieder vor, an deiner „Wer-Bin-Ich-Blüte“ zu arbeiten und füge etwas hinzu. Es braucht Zeit und Muße und auch mal Gespräche mit anderen, bevor ein komplettes Bild entsteht. Ich habe festgestellt, dass das Nachdenken über sich und seine eigenen Werte, die Zukunft und persönliche Träume eine sehr langsame, ruhige Angelegenheit ist.

MEIN PERFEKTER TAG
MOTIVATION: WAS TREIBT MICH AN?
THEMEN: WAS BEWEGT MICH?
WER-BIN-ICH-BLÜTE
HOBBYS: WAS MACHT MIR SPAß?
STÄRKEN & TALENTE: WAS KANN ICH GUT?

Lisa ist mittlerweile richtig euphorisch und macht sich gleich an die Arbeit. Allerdings hat sie in der Zeit zwischen unserer ersten und zweiten Sitzung ziemlich Mühe, sich zu disziplinieren und sich nicht mit dem anstehenden Autoverkauf und den Vorbereitungen für einen geplanten Schüleraustausch ihres Ältesten zu befassen. Der kaputte Wäschetrockner, der geplante Besuch der Schwiegermutter und eine schmerzhafte Fußball-Verletzung ihres jüngsten Sohnes machen Lisa zu schaffen und drohen ihre Pläne, sich nun endlich intensiver mit sich selbst auseinander zu setzen, zu boykottieren. Nur unter großen Anstrengungen schafft sie es, trotzdem weiter zu machen. Den Anforderungen der Familie und gleichzeitig den Herausforderungen des Jobs gerecht zu werden ist immer ein Balanceakt – und bringt auch mich immer wieder zur Verzweiflung: sobald du Pläne gemacht hast, beruflich richtig durchzustarten und neue Projekte anzugehen, kommt etwas dazwischen – wer kennt das nicht?

Ich bin dennoch der festen Überzeugung: Mit deiner starken Vision, klaren Zielen, einer stringenten Planung, sowie natürlich viel positiver Energie, Selbstvertrauen und dem Glauben an das Gelingen deiner Vorhaben, kannst du es schaffen!

Was auch sehr wichtig ist in dieser Situation: Klare Prioritäten zu setzen! Was kann warten? Was muss sofort erledigt werden? Ein Wasserrohrbruch ist unschön, nervig und überhaupt nicht wichtig für deine strategische Ausrichtung. Aber du musst SOFORT reagieren. Ein krankes Kind kommt selten gelegen, lässt sich aber meist nur von dir selbst hegen und pflegen – diese Aufgaben kann man also nur schwer delegieren.

Wir alle kennen diesen inneren Konflikt nur zu gut, er begleitet mich persönlich seit dem Moment, in dem die Kinder in unser Leben traten. Doch ich habe gelernt, diesen permanenten Seiltanz zu akzeptieren: so geht es uns allen!

Wir balancieren alle zwischen Berufs- und Familienleben. Mal stärker, mal schwächer. Es ist NORMAL und unsere Kinder können trotzdem bestens gedeihen und zu glücklichen Menschen werden – Basta. Es kommt eben immer wieder darauf an, wie gut du darin bist, Kompromisse zu finden und auch kleinere und größere Katastrophen einzuplanen mit ihnen zu leben.

Apropos: Über **Planung und Ziele** haben wir ja noch gar nicht gesprochen, Lisa. Das machen wir als nächstes mit dem

TOOL 6 KLARHEIT DURCH ZIELE & PRIORITÄTEN

WER NICHT WEIß, WOHIN ER WILL, DER DARF SICH NICHT WUNDERN, WENN ER GANZ WOANDERS ANKOMMT. *Mark Twain*

Gestern war nämlich bei mir selbst genau einer dieser Tage, an denen ich absolut gar nichts auf die Reihe bekommen habe und mir die wertvolle Zeit nur so durch die Finger geronnen ist – kein schönes Gefühl. Es fing schon schlecht an: zu spät aufgestanden, dennoch bleiern müde, unter Zeitdruck, daher keine Muße für meine 30 Minuten Meditation & Yoga am Morgen. Auch nicht für einen kurzen Lauf durch den Park mit anschließendem, kleinen Workout. So fängt nämlich ein idealer Tag ganz nach meiner Vorstellung an.

Stattdessen bin ich den ganzen Tag nicht in die Gänge gekommen, war bei Routinearbeiten lustlos und langsam. Ich verzettelte mich und habe meine Zeit mit unnützem Zeug vertan. Oder aber mit Dingen, die dringend anstanden, wie z. B. einkaufen gehen, um den völlig leeren Kühlschrank wieder zu füllen, schöne Frühlingspflanzen für meinen Garten zu besorgen und stundenlang ein passendes Geschenk für die Schwägerin zu überlegen.

Aber so kommt natürlich niemand weiter. Ich werde unzufrieden und frustriert. Meine To-Do-Liste wird immer länger, die wichtigsten Aufgaben drücken und drängen, aber irgendwie fehlen mir Kraft und Konzentration, um anzufangen. Im weiteren Verlauf des Tages kam mir ständig etwas dazwischen: ein Fehler auf der Homepage – oh je, muss sofort korrigiert werden. Ein versprochenes Konzept an meinen Kunden schicken – längst überfällig, aber nicht so einfach zu formulieren, wie es anfangs den Anschein machte. Braucht also ein Weilchen. Ein Behördengang mit dem Sohn – geht das nicht auch online? Nein, ein Erziehungsberechtigter muss dabei sein. Quer durch die ganze Stadt kurven, warten, dann wieder zurückfahren – schon wieder ging ein wertvoller Vormittag flöten. Musste aber sein. Auch wenn es nicht wichtig war für meine unmittelbare Arbeit.

Was also tun?

Ich habe mir angewöhnt, vor Wochenbeginn, also stets am Sonntagabend, ein **Mindmap** für die kommende Woche anzufertigen. Zusätzlich eine **Visualisierung meiner Ziele** und alle **To-Dos**, die für die Woche anstehen, egal ob beruflich oder privat: es muss alles darauf.

Zu guter Letzt mache ich noch einen fixen Rückblick auf die vorangegangene Woche, um meine Zielerreichung zu überprüfen und meine Erfolge zu notieren. Ja, genau – ganz wichtig: Die eigenen Erfolge sehen, genießen, dass man es geschafft hat – und sich dafür zu feiern! Das darf nicht zu kurz kommen. Im Sinne deiner nachhaltigen Motivation. Die Ziele für die jeweilige Woche werden dick und fett und farbig oben auf der Wochen-Mindmap verewigt.

Mein Appell an dich: Versuche einmal, deine **eigene Zielvorstellung** zu entwickeln: Erfolgreiche Persönlichkeiten zeichnen sich nämlich vor allem dadurch aus, dass sie sowohl für ihre berufliche Karriere als auch für ihr Privatleben ein gut durchdachtes Lebenskonzept und klare Ziele formuliert haben. Wichtig hierbei ist, den Zusammenhang zwischen deinen **aktuellen Aufgaben und Aktivitäten** und dem Erfolg sowie deiner Zufriedenheit **in der Zukunft** zu sehen. Denn auch, wenn dein Alltag stressig und hektisch ist und du oft das Gefühl hast, du selbst kommst immer zu kurz und schaffst nicht das, was du dir vorgenommen hast: Mit **klaren Zielen** vor dem inneren Auge verlierst du nicht so schnell den Überblick und setzt automatisch die **richtigen Prioritäten**. Dabei nutze auch die Wirkung deines Unterbewusstseins: Nach dem berühmten Eisberg-Modell werden wir in unseren Handlungen, unseren Gefühlen und Urteilen zu mehr als 90 % durch unser Unterbewusstsein gesteuert und gelenkt. Wenn du dir also klare Ziele setzt und diese verfolgst, richtet dein Unterbewusstsein sich ebenfalls auf Erfolg, Jobfindung und deinen gelingenden Wiedereinstieg aus. Es wird dir einfach besser gelingen, deine Energien zu konzentrieren und dich zu fokussieren: Was ist jetzt wichtig? Wo will ich hin? Wann will ich dort ankommen?

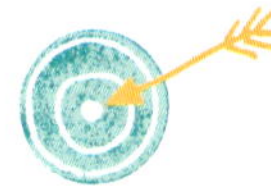

DIE SMART-FORMEL

Eine kleine Hilfe beim Formulieren deiner Ziele ist das **SMART**- Konzept: versuche deine Ziele immer so **s**pezifisch und konkret wie möglich zu formulieren, dabei **a**ttraktiv und **a**ktionsorientiert, so dass es dir auch wirklich erstrebenswert scheint, das Ziel zu erreichen. **M**essbar sollte es sein und realistisch – zum Beispiel durch eine klare **T**erminierung.

Nehmen wir ein Beispiel: Hanna sagt, sie habe das Ziel, sportlicher und fitter zu werden – das nimmt sie sich seit langem immer wieder vor.

Hier für dich zum Üben: Wie lautet Hannas Ziel SMART formuliert?

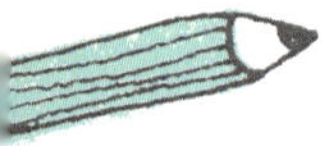

[3]

Na, was meinst du – wird Hannah ihr Ziel erreichen?

Man hat vielfach festgestellt, dass die Punkte „spezifisch" und „terminiert" bereits sehr viel Erfolg in der Zielerreichung bringen. Ich selbst versuche meine Wochenziele immer wieder darauf zu überprüfen und mich mehr und mehr dazu zu zwingen, **SMARTE** Ziele zu notieren. Denn ich habe bemerkt: wenn meine Ziele zu allgemein, zu offen und zu schwammig formuliert sind, erreiche ich weitaus weniger und bin am Ende der Woche unzufrieden. Und weiß: da wäre mehr drin gewesen, das kann ich besser!

3 Zum Beispiel so: *Ich werde ab morgen 2 Mal in der Woche abends 45 Minuten laufen, und zwar immer um 19.30. Zusätzlich gehe ich 1 x schwimmen (1000 m), und zwar immer sonntags, wenn die Kinder beschäftigt sind. Das probiere ich zunächst 2 Monate aus, führe Buch darüber und steigere das Ganze ab März, indem ich mir neue SMARTE Ziele überlege und notiere.*

DEINE WOCHENPLANUNG

Ziele der Woche: ....

....

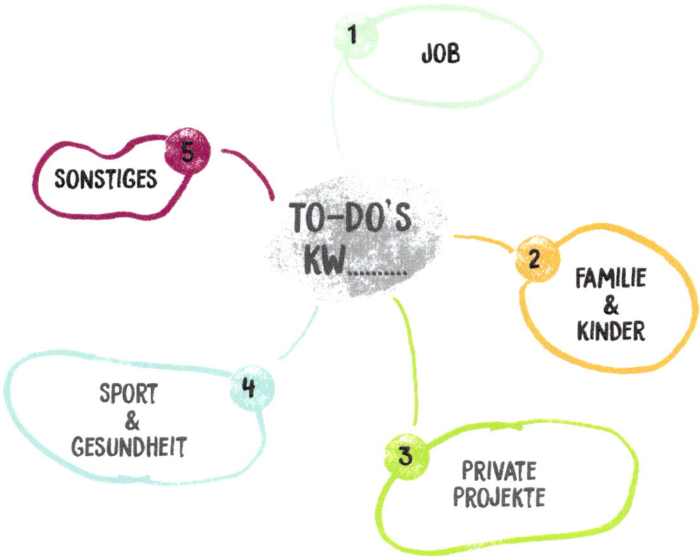

Schwierige To-Do's:* ....

Erfolge der letzten Woche: ....

* Eat the Frog!

Mir ist völlig klar, dass die Konzentration auf DEINE persönlichen Ziele eventuell zunächst ungewöhnlich für dich sein mag. Wir Frauen – das kann ich aus eigener Erfahrung und nach vielen Gesprächen mit Coachees und Klientinnen ganz sicher bestätigen – wurden und werden oft dazu erzogen, unsere persönlichen Wünsche nicht so wichtig zu nehmen. Uns wird nach wie vor oft beigebracht, andere nicht zu enttäuschen und immer artig das zu tun, was andere von uns erwarten. Vor allem uns selbst bitte schön nie zu sehr in den Mittelpunkt zu stellen.

Nur: Wir können nicht zu neuen Ufern aufbrechen und beruflichen Erfolg anstreben, wenn wir immer zunächst die ANDEREN sehen, anstatt uns selbst! Wenn wir versuchen, es allen anderen immer recht zu machen, dann wird das nichts mit unserer neuen, großen Karriere. Wir müssen manchmal auch unbequem, anstrengend und aufdringlich sein. Genau dies ist wichtig, um dich erfolgreich beruflich neu zu orientieren und für dich und deine eigenen Wünsche einzustehen.

Ändere von jetzt an deine Einstellung. Das ist heute, Lisa, deine wichtigste Lektion: Sei laut, mach auf dich aufmerksam, sei manchmal auch aufdringlich – nimm dich wichtig! Du bist in diesem Moment und in der augenblicklichen Phase deines Lebens der Mittelpunkt der Welt.

DAS PARETO-PRINZIP

Was ist **wichtig** und was ist **dringend**? Diese Frage wird dich von nun an ständig begleiten, denn die Antworten darauf geben dir eine klare Linie vor: Wo du „Stopp" sagen kannst und worauf du hingegen deinen Fokus setzt, um deine wertvolle Zeit dafür zu verwenden. Alfredo Pareto hat einmal die interessante Rechnung aufgestellt, dass wir in 20 % unserer Zeit 80 % der angestrebten Ergebnisse erreichen können:

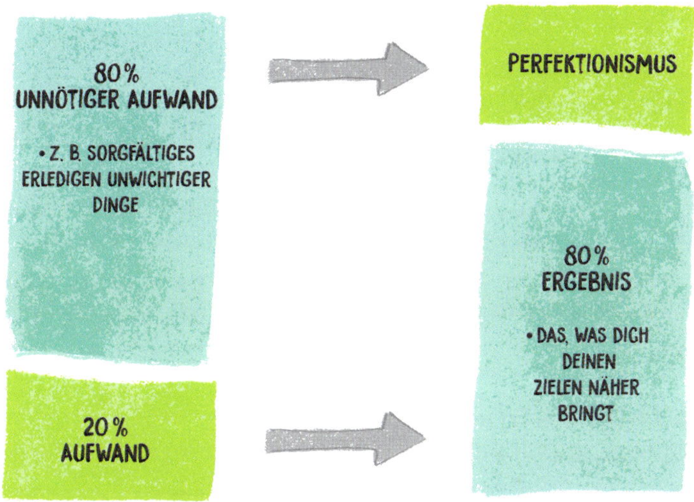

[4]

4 Siehe etwa in Martin Krengel, Der Studi Survival Guide, Unicum 2012, S. 134ff.

Wenig Aufwand, großer Ertrag. So einfach ist das. Wenn du das Richtige zur richtigen Zeit tust, kannst du viel wertvolle Zeit sparen. Frage dich also hier und jetzt: „Welche 20% führen zu 80% meines Erfolges?" Sind es wirklich die gebügelten Bettlaken? Der selbstgebackene Kuchen, den der Sohn mit in die Schule nehmen soll? Oder die akkurat geschnittene Hecke? Wenn dir diese Dinge wichtig sind und du sie als Teil deines Erfolges siehst, dann ja. Wenn nicht, lass sie bleiben und konzentriere dich stattessen auf deine Strategie einen Job zu finden: mögliche Gesprächspartner anzumailen, die ehemalige Chefin anzurufen und um ein exzellentes Zeugnis bitten, Infos zum Thema Existenzgründungszuschuss zu besorgen und Ähnliches.

Fange also noch HEUTE an, die vielen nebensächlichen Aufgaben, Probleme oder To-Dos, die dauernd an dich herangetragen werden, zunächst zu verschieben, um dich, insbesondere in deiner aufmerksamen **Power-Zeit am Vormittag**, den für dich und deinem Ziel wirklich wichtigen Dingen zu widmen. Wenn du immer mehr erkennst, was **wirklich wichtig** ist und hierfür genau deine **Ziele schriftlich fixierst**, die du dir jederzeit sichtbar über deinen Arbeitsplatz oder in die Küche hängst, ist es wahrscheinlicher, dass du in kurzer Zeit all das schaffen wirst, was du dir vorgenommen hast. Du wirst dich immer weniger verzetteln.

Suche dir DEINE Erfolgsverursacher[5], identifiziere sie und setze sie auf deinen Wochenplan. Und arbeite konstant und konsequent daran: Konsequenz und Disziplin sind hier, in dieser Phase, immens wichtig.

5 Bei dem Begriff „Erfolgsverursacher" handelt es sich um einen Fachterminus aus dem Bereich Zeitmanagement. Siehe etwa L. J. Seiwert, „Das 1x1 des Zeitmanagements", Gräfe und Unzer, 2014.

DAS EISENHOWER-PRINZIP

Der US General Dwight D. Eisenhower hat übrigens ein sehr praktisches Prinzip entwickelt, das die Entscheidung „Was ist wichtig?“, „Was ist dringend?“, „Was ist dringend UND wichtig?“, „Was ist weder noch?“ in einem schönen Schema zusammenfasst: Er unterscheidet bei den auf ihn täglich einströmenden Aufgaben und To-Dos nämlich nach **Dringlichkeit** und **Wichtigkeit**, zwei Begriffe, die in unserer Alltagssprache ja oft gleichbedeutend benutzt werden.

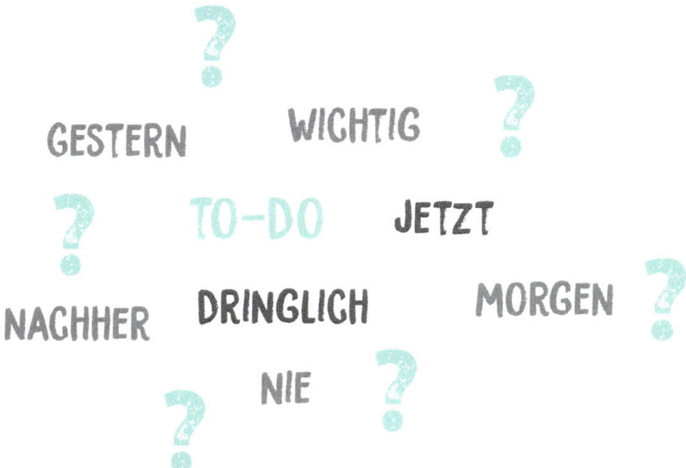

Je nach Dringlichkeit bzw. Wichtigkeit einer Aufgabe kannst du zwischen vier Möglichkeiten wählen.

Das Eisenhower-Prinzip zur Dringlichkeit / Wichtigkeit deiner Aufgaben:

Das heißt, nur das, was vor dem Hintergrund deiner Pläne und Ziele **wichtig UND dringend** ist, wird sofort und von dir persönlich erledigt. Was wäre das in deinem Fall?

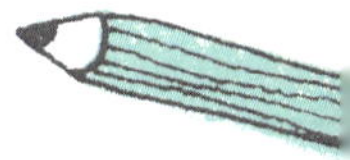

Genau: jetzt stehen die Telefonate mit deinem Ex-Arbeitgeber an, das Überarbeiten deines Lebenslaufs, das Formulieren eines Anschreibens, das Kontakte knüpfen mit Ansprechpartnern deiner zukünftigen Branche. Informationen sammeln über andere Anbieter deiner Idee und Ähnliches. Natürlich eins nach dem anderen. Das braucht deine volle Energie und Aufmerksamkeit, und es braucht sowohl Zeit als auch Sorgfalt. Ein Anschreiben muss formuliert und überlegt sein. Ein gutes Foto machen zu lassen, kostet Zeit. Dies sind demnach alles A-Aufgaben.

B-Aufgaben hingegen wären in deinem Fall die verschiedenen Haushaltssaufgaben: Einkaufen, Kochen, Gefälligkeiten für Bekannte, Familie, Freunde und vieles mehr. Sie werden terminiert und zu einem bestimmten Zeitpunkt in der Zukunft erledigt, zum Beispiel am Wochenende, wenn der Mann allein mit den Kindern unterwegs ist oder am Abend, wenn die Kinder im Bett sind. Nun wirst du sagen: „Ich muss doch kochen, das lässt sich nicht verschieben!" Natürlich muss der Mensch essen, doch vielleicht reichen für die nächste Zeit auch einmal Fertigtortellini mit Gemüse oder ein mitgebrachtes Mittagessen vom Italiener? Was soll's? Hier heißt es für dich ab jetzt: Fünfe gerade sein lassen. Und die Kinder beim Mittagstisch in Kita oder Schule anmelden, auch wenn sie meckern: Es ist für einen guten Zweck und du gewinnst wertvolle Zeit, die du für dich nutzen kannst.

C-Aufgaben werden in dieser intensiven Vorbereitungszeit deiner Rückkehr in den Berufsalltag delegiert: an externe Dienstleister wie Handwerker, Haushaltshilfe, Studenten oder im familiären Bereich an Ehemann, Eltern, Kinder, Nachbarn oder sie werden eben gleich gecancelt. (Ebenso wie übrigens das Surfen im Internet, das Lesen von Newslettern, Beschäftigung mit Feedback-Umfragen oder Gewinnspielen, ein netter Plausch am Telefon, Perfektionismus beim Sauberhalten der Wohnung, etc.) – alles in den Papierkorb.

STÖRUNGEN UND ZEITDIEBE

Sei in der Phase deiner Karrierevorbereitung rigoros mit **Zeitdieben**: ein nettes Gespräch mit deiner Freundin am Telefon kann dich zwar erfreuen, bringt aber nichts für deine Karriereplanung. Klar muss das Laub vom Rasen geharkt werden, aber nicht jetzt sofort. Und sicher möchtest du deiner Tochter bei ihrem Lebenslauf helfen und sie dabei unterstützen, einen Nebenjob zu finden, doch mein Tipp: Lege solche Gespräche und To-Dos in den Nachmittag oder Abend. Der Morgen und Vormittag sind zu wertvoll dafür, da du dann eher ungestört bist. Nutze deine aufmerksamste und kreativste Zeit FÜR DICH SELBST, für DEINE KARRIERE, für DEINE WEITERENTWICKLUNG!

Und hier verrate ich dir ein weiteres Tool, das mich auf wundersame Weise bei der Stange hält, sobald ich längere Schreib- oder Konzeptionsarbeiten zu erledigen habe, mein Kopf aber vor lauter To-Dos fast platzt:

TOOL 7 DAS 5-MINUTEN-SCHREIBEN

Du nimmst 2 Blätter Papier, liniert oder uni, einen guten Stift und stellst deine Stoppuhr ein. 5 Minuten lang schreibst du alles auf, was dir spontan einfällt und dir im Kopf herumgeht. Ohne Rücksicht auf Satzzeichen, Groß- und Kleinschreibung, tolle Formulierungen. Was zählt ist nur SCHREIBEN. Ohne den Stift abzusetzen. Wenn dir nichts einfällt, schreib auf: „Mir fällt nichts ein, blöde Übung, langweilig, ich kann nicht mehr…". Der Effekt ist, dass du deine ganzen störenden Gedanken irgendwann auf Papier gebracht und so aus dem Hirn verbannt hast. Sie „verschmutzen" von nun an nicht mehr dein Denken und hindern dich nicht an einer konzentrierten und fokussierten Vorgehensweise. Sie sind erst einmal sicher „geparkt" und dürfen später wieder abgeholt werden. Oft lösen sich jedoch viele dieser Gedanken von selbst in Luft auf.

Mich hat dieses „Müll-Herausschreiben" schon oft gerettet und ich schwöre auf diese Technik, die ich übrigens zuerst in Julia Camerons Buch „Der Weg des Künstlers" entdeckt habe. [6]

Nun noch einmal Klartext: NICHT den Text einer Freundin kurz korrigieren (30 Min.), einen Termin beim Zahnarzt vereinbaren (samt Warteschleife 10 Min), den dringenden Wocheneinkauf erledigen (1,5 Stunden) sowie ein gesundes Mittagessen zaubern (60 Min). Auch nicht bei Facebook mal eben vorbei

6 Julia Cameron, Der Weg des Künstlers, 2009, S. 32

klicken, einen Instagram-Freund stalken und zwischendurch schnell noch dein Xing- Profil bearbeiten (insgesamt: 30 Min). Der Anruf wegen der Abholung der alten Waschmaschine muss ebenso in den frühen Abend gelegt werden wie der Rückruf der Schwiegereltern – sicher ist auch dies dringend, für deine momentane Planung aber völlig unerheblich.

Ein weiterer Tipp, den ich persönlich geprüft habe und als sehr wertvoll betrachte, ist das Aufsuchen meines „Ruherefugiums". Ein ruhiger Arbeitsplatz, wo du Muße für Kreativität abseits der alltäglichen Pflichten im Hause findest. Das ist für mich persönlich der Schlüssel zum konzentrierten, fokussierten und ruhigen Arbeiten.

Außerhalb der eigenen vier Wände komme ich auf ganz andere Ideen, meine Kreativität ist dermaßen angezapft, dass ich manchmal Mühe habe, alle meine Gedanken und Ideen zu kanalisieren. Seit es mir mit dem Schreiben dieses Buches ernst ist, arbeite ich in einer der Uni-Bibliotheken der Stadt. Hier ist es ruhig, ich bin weit genug von meinem Arbeitsschreibtisch, Telefon, Haushalt, der Familie und den Kindern entfernt und kann mich blendend konzentrieren. Sollte es bei dir in der Nähe keine Uni-Bibliothek geben, so gibt es doch sicher eine Stadtbibliothek oder ähnliche Rückzugmöglichkeiten, die es dir vielleicht leichter machen, all die nervigen Störungen zu Hause zu umgehen und wirklich einen zeitlich und räumlich abgesteckten Rahmen zu haben. Für mich persönlich lässt es sich so besser arbeiten.

Ich kenne aber natürlich auch andere Frauen, die gerade die häusliche Gemütlichkeit und Behaglichkeit des Vertrauten als Arbeitsatmosphäre schätzen.

Mein Vorschlag: probiere es einfach aus. Denn es wäre schade, wenn du an deinen Plänen scheiterst, weil du gar „nicht dazu kommst", dich deinen Zielen und Plänen zu widmen. Das ist eine Ausrede und du weißt das genau.

Und denk an deine Vision.

Deine Vision nimmt in deiner Planung und deinem Fortkommen einen großen, wichtigen Stellenwert ein: von ihr sind Mission, Motivation, Strategie und Aktionsplan sowie deine strategischen Ziele abgeleitet. Also: Setz dich hin und denk über deine Lebensvision nach. Schreibe sie auf, häng sie dir über's Bett oder über den Schreibtisch. Sie sollte immer für dich sichtbar sein.

WENN DAS LEBEN KEINE VISION HAT, NACH DER MAN SICH SEHNT, DANN GIBT ES AUCH KEIN MOTIV, SICH ANZUSTRENGEN. *Erich Fromm*

TOOL-BOX

① Dein ***persönlicher Werdegang***: berufliche Erfolge, Laufbahn, Qualifizierungen notieren.

② Im ***magischen Spiegel*** siehst du: DICH in 5 Jahren (als Bild oder Text).

③ In der ***Wertekarte*** identifizierst du: DICH und welche Werte dir wichtig sind.

④ In der ***Selbst-Collage*** kannst du dich und dein Leben kreativ darstellen.

⑤ In der ***Wer-Bin-Ich-Blüte*** siehst du: DICH und was du gut kannst, deine Stärken, deine persönlichen Themen.

⑥ ***Ziele*** formulierst du mit Hilfe der ***SMART-Formel***.

Die effiziente Wochenplanung gelingt gut als ***Wochenmindmap***.

Prioritäten setzt du mit Hilfe von ***Pareto*** und dem ***Eisenhower Prinzip***.

Störungen und Zeitdiebe solltest du genau **identifizieren und eliminieren** – und deine kreative Hochphase am Vormittag unbedingt nutzen.

⑦ Für 100%-ige Konzentration: das ***5-Minuten-Schreiben***.

STEP 3: ENTWIRF DEINEN ZUKUNFTSPLAN

TOOL 8
BRAINSTORMING

TOOL 9
MINDMAPPING

In unserer nächsten Coaching-Sitzung schaut Lisa sehr zufrieden aus:

Also, hier sind meine 10 wichtigsten Werte:

1. Familiensinn, 2. Nachhaltigkeit, 3. Selbstbestimmtheit, 4. Genuss
5. Abwechslung, 6. Freundlichkeit, 7. Natur, 8. Gastlichkeit
9. Unternehmergeist, 10. Gesundheit

Und hier mein persönlicher ***Magischer Spiegel (Tool 2)****:*

Meine ***Selbst-Collage (Tool 4)*** *sieht so aus: Es hat mir übrigens totalen Spaß gemacht, daran zu arbeiten und ich habe das Gefühl, hier konnte ich mich richtig austoben:*

Ja, für mich sind hier schon mal wichtige Erkenntnisse herausgekommen. Zum Beispiel ist meine Familie das Allerwichtigste auf der Welt, da kommt nichts heran. Unsere Freunde, Gäste, Freunde und Freundinnen meiner Kinder und die restliche Familie sind jederzeit willkommen bei uns im Haus; manchmal gleicht unser Haus eher einer Kita, einem Jugendclub oder Restaurant als dem Eigenheim. Das gefällt mir. Es ist für mich außerdem sehr wichtig, etwas Eigenes zu machen, selbstständig und selbstbestimmt meine Zeit einteilen zu können. Ich kann extrem effizient arbeiten, das habe ich in meinen vergangenen Jobs immer wieder als Feedback bekommen.

Außerdem arbeite ich gern mit den Händen, auch das hat mir vorher sehr gefehlt. Ich bin einfach Praktikerin. Was auch ganz entscheidend für mich ist, ist meine Leidenschaft für das Essen. Gute Speisen und Getränke, Genuss und das Entwerfen neuer Kombinationen unter Verwendung biologisch wertvoller Produkte – das ist voll mein Ding. Ich koche leidenschaftlich gern und gärtnere seit Jahren mit wachsender Begeisterung. Eigene Produkte, selbstgezogenes Gemüse zum Beispiel oder auch Kräuter und selbstgemachte Marmeladen, Gebäck, Pasten, Aufstriche – das alles erfüllt mich sehr. Es fehlt uns für unsere autarke Lebensweise im Prinzip nur noch eine Kuh und Schafe – Hühner haben wir nämlich seit neuestem schon … sagt Lisa etwas verschämt und lacht.

Lisa gerät regelrecht ins Schwärmen. So lebendig und begeistert habe ich sie vorher nie gesehen. Sie strahlt und ist voll in ihrem Element.

Die Theorie, das Abstrakte und die ganze Schreibtischarbeit – das hat mich nie wirklich begeistert. Darüber hinaus ist Abwechslung im Job, also eine gewisse Abenteuerlust, wichtig für mich. Bei gleichbleibender Tätigkeit kannst du die Uhr danach stellen, wann ich gelangweilt bin, keinen Spaß mehr habe und meine Gedanken abschweifen, um sich etwas Neues, Herausforderndes und Spannendes zu suchen. Nächster wichtiger Punkt für mich ist der Umgang mit Menschen: Freundlichkeit, Zugewandtheit sowie Kundenorientierung, auch das macht mir alles Spaß und fällt mir leicht. Ich liebe es, Menschen Gutes zu tun. Allerdings darf das nie in die beratende oder psychologische Richtung gehen. So nahe möchte ich den Menschen emotional nicht kommen.
Tja, wenn ich so darüber nachdenke, habe ich mein ganzes Berufsleben doch das Falsche gemacht, oder? Völlig an meinen Neigungen und Leidenschaften vorbei – irgendwie traurig …

Lisa, es gibt für alles eine bestimmte Phase im Leben. Ich denke überhaupt nicht, dass du das Falsche gemacht hast, schließlich hast du extrem viel gelernt während deiner Tätigkeit in der Bank und wichtige Kompetenzen erworben. Deine Familienphase hat dir weitere wichtige Erkenntnisse und vor allem neue Fähigkeiten gebracht. Du kannst doch wahre Managerinnenqualitäten vorweisen: Organisationstalent, Kommunikationsfähigkeit, Teamarbeit, Zeitmanagement – alles herausragende Voraussetzungen für jeden Job heute.

Ich bin ganz sicher, dass wir etwas Tolles und Passendes für dich entwickeln werden, so dass du dich beruflich und privat neu ausrichtest. Denn wie du siehst, hast du deine Leidenschaften in den letzten 10 Jahren ja durchaus gepflegt und viel ausprobiert.

Ich bin begeistert. So schnell und präzise haben bisher wenige meiner Klientinnen ihr Profil überarbeiten und ihre Lebensvision derartig deutlich entwickeln können. Mir wird außerdem klar, dass Lisa in der Zeit vor ihrer Familienbildung nicht unbedingt das gemacht hat, was ihren eigentlichen Leidenschaften und Fähigkeiten entspricht. Sie hat wie so viele Menschen direkt nach der Ausbildung das erste passende Angebot angenommen, da Gehalt und die grobe Richtung stimmten, und ist aus unterschiedlichen Gründen dabeigeblieben. Ihre eigentlichen Stärken und Sehnsüchte, so wie wir sie nun herausgearbeitet haben, fanden hierbei zwar kaum Raum. Aber alles hat seine Richtigkeit! Damals empfand sie es als passend.

TOOL 8 BRAINSTORMING

Und heute ist der erste Tag deines neuen Lebens, Lisa. Lass uns überlegen, wie du deine Fähigkeiten, deine Sehnsüchte und wichtigsten Werte in Zukunft auch beruflich erfolgreich einsetzen kannst. Und den Traumjob findest, den du verdienst. Dafür machen wir jetzt erst einmal eine Sammlung deiner Ideen. Nennen wir es Tool 8 – **Brainstorming**. Danach versuchen wir einen Plan zu entwickeln, welchen Weg du wählen kannst, wie deine nächsten Schritte aussehen könnten. Einverstanden?

Im ersten Schritt sammle alle Möglichkeiten, wie du in Zukunft Geld verdienen könntest. Denk daran: Bei einem Brainstorming sind **alle Gedanken** erlaubt. Jede einzelne Idee, jeder Gedankenfetzen hat einen Platz auf deinem

Blatt. Nichts darf kritisiert, bewertet und verworfen werden, denn gerade die abstrusesten Gedanken sind vielleicht am Ende das, was du gesucht hast. Wenn du von Anfang an sortierst, strukturierst und Dinge verwirfst, entgeht dir ein beträchtliches Maß an Kreativität. Sie muss raus: Denke verrückt, denke neben der Spur, gehe absurden und zunächst völlig irren Ideen nach und bringe sie zu Papier.

Lisa, fangen wir doch mal an und sammeln im ersten Schritt in einem **Brainstorming** alle Möglichkeiten, wie du in Zukunft Geld verdienen wirst:

Wie du siehst, ist es bei einem Brainstorming besonders wichtig, deinen Ideen freien Lauf zu lassen ohne die innere Kritikerin zu beachten, ohne etwas zu beurteilen oder zu verwerfen: Im Brainstorming hat ALLES Platz! Nichts darf ausgelassen werden, auch die auf Anhieb absurdesten Ideen haben ihre Berechtigung. Denn nachweislich ist es gerade die vermeintlich völlig abwegige oder verrückte Idee, die dich am Ende voranbringt.

TOOL 9 MINDMAPPING

Du könntest dann im zweiten Schritt das Tool 9 – **Mindmapping** zu Hilfe nehmen und ein Mindmap **aus den Ideen des Brainstormings** anfertigen.

Im Prinzip ist das nichts anderes als ein Brainstorming mit Struktur, das heißt, du schaust dir dein wildes Brainstorming noch einmal an und versuchst nun, Gedanken und Ideen zu **clustern**, also **in Gruppen zu ordnen**. Das Schöne an diesem Schritt ist, dass dir erstens keine Idee verloren geht und das Gehirn sich zweitens durch Oberbegriffe oft zu weiteren Ideen hinreißen lässt. Findest du in deinem Beispiel, Lisa, etwa die Begriffe *„Natur“, „draußen“, „Äpfel“, „Obst“, „ökologischer Anbau“, „grüner Daumen“* so drängt sich der Begriff „Naturverbundenheit“ auf. Oder der Oberbegriff „ökologische Lebensmittel“. Und dieser Begriff löst bei mir zum Beispiel gleich 5 weitere Unterbegriffe aus, etwa „gesundes Essen“, „nachhaltige Ernährung“, „ressourcengerechte Landwirtschaft“, „glückliche Tiere“ …

Tu mir nur einen Gefallen: Brainstorming und Mindmapping sind ganz unterschiedliche Arten Ideen zu sammeln. Leider werden beide Techniken oft über einen Kamm geschoren, das wird beiden Tools nicht gerecht. Also bitte behandele sie auch wie zwei unterschiedliche Tools.

Erst im zweiten Schritt, nämlich im **Mindmap**, kannst du das Ganze mit einer Struktur versehen und weiterentwickeln; das heißt das Thema schreibst du, ebenso wie beim Brainstorming, in die Mitte. Dann schaust du dir die Gedanken und Ideen deines Brainstormings an und versuchst sie zu **clustern**, das heißt in ähnliche Unterthemen zusammen zu packen: welche **Hauptpunkte** könnte man bilden? Was ist mir jetzt zunächst am Wichtigsten?

Hier besteht durchaus eine Struktur deiner Ideen: es sind hiernach fünf Möglichkeiten vorhanden, deine berufliche Zukunft in die Tat umzusetzen. Nämlich zum einen das **ANBAUEN UND VERARBEITEN** eigener Produkte, dann der **VERKAUF von BIOPRODUKTEN**, als Drittes der Bereich: **SONSTIGES** und dann die Idee, sich zunächst noch mehr zu qualifizieren, also die **WEITERBILDUNG** und schließlich das **REISEN**.

TOOL 9

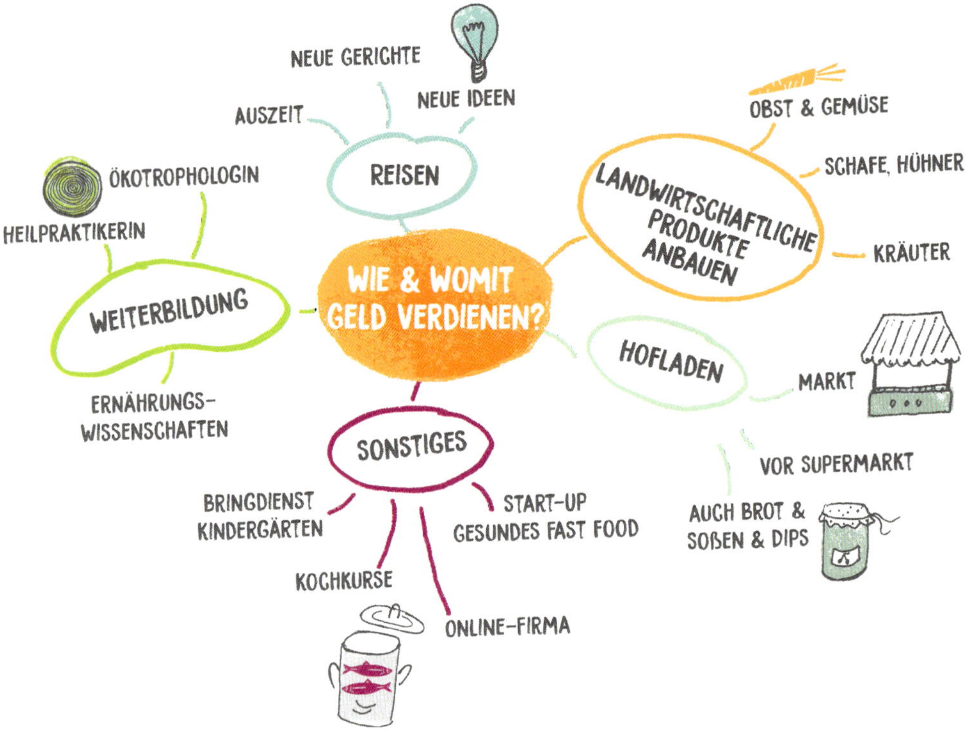

Wichtig bei einem Mindmap ist seine **Struktur**: Man fängt immer bei 13 Uhr an zu ‚mappen', der Punkt 1, also der Wichtigste oder einfach der ersterwähnte, sitzt immer bei **13:00 Uhr**. Vorher schreibst oder malst du das Hauptthema in die Mitte des Blattes, und zwar auf ein weißes Blatt ohne Linien und Kästchen.

Warum? Nun, damit du alle kreativen Freiheiten hast und dem Geist nicht von vornherein eine Struktur aufgezwängt wird.

Schauen wir doch mal **beispielhaft** in die nächsten Schritte, die Lisa mit ihren Job-Ideen gehen könnte. Nehmen wir einmal an, aus unterschiedlichen Gründen entpuppt sich eine attraktive Idee für Lisa darin, **gesundes Fastfood** herzustellen und zu verkaufen:

Von diesem mittigen Thema gehen in einem Mindmap normalerweise 3 bis maximal 8 **Hauptäste** ab, die du farbig unterscheidest, und die vier Hauptäste kannst du nun mit so vielen **Unterästen** ergänzen wie nötig, im Prinzip sind dir hier keine Grenzen gesetzt:

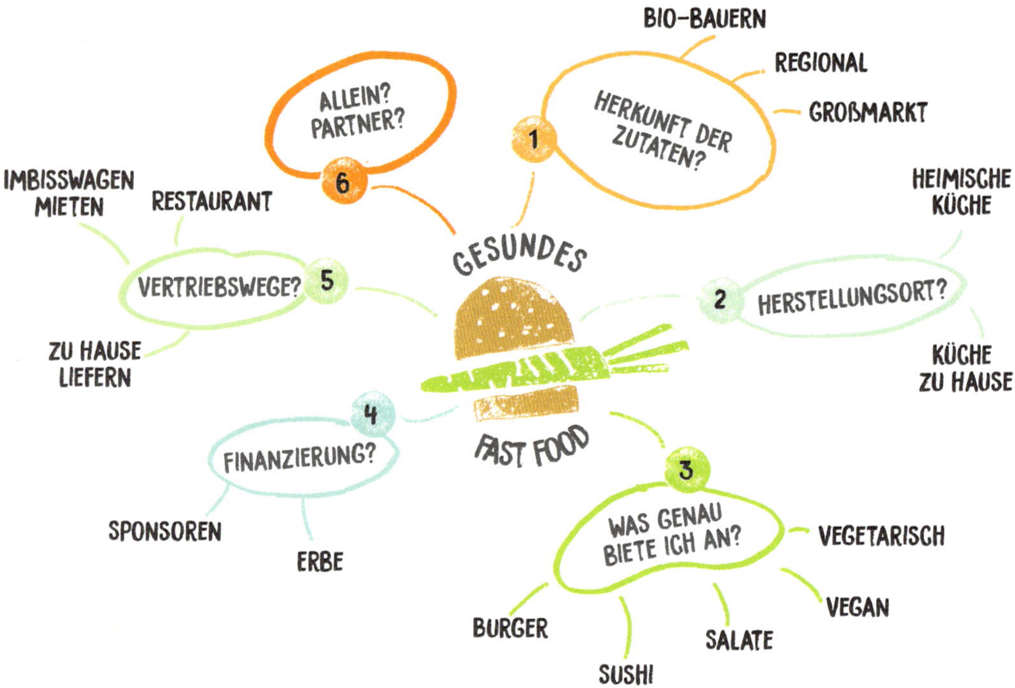

Auch diese Unteräste können wiederum weitere Unteräste bekommen, je nachdem, wie detailliert du vorgehen möchtest.

Achte darauf, dass du immer mit Farben arbeitest – in mehreren wissenschaftlichen Studien wurde nachgewiesen, dass allein die Verwendung von Farbe in deinen Notizen deine Merkfähigkeit um 100 % steigern kann.

Zusätzlich versuche, mit Symbolen, Bildern und Zeichnungen deinem Auge noch etwas zu bieten: Wir alle sind „Augentiere“, das heißt, wir erkennen Bilder, Symbole weitaus schneller als Buchstaben oder Zahlen und begreifen und behalten diese auch schneller und länger. Versuche also, deine künstlerische Ader anzuzapfen, male, kopiere, schneide aus, was auch immer deine Mindmap ansprechend und bunt gestaltet:

Probiere es aus, Lisa: Mindmaps sind eine großartige Möglichkeit, dein **schöpferisches Denken** anzustoßen und deine Fantasie und Kreativität zu Höchstleistungen anzuregen. Du bekommst mit deinen Mindmaps klarere Vorstellungen und kannst in aller Ruhe deinen Kurs festlegen. DEIN Gehirn ist hierbei der Schlüssel zum Erfolg. Setze es effektiv ein und du wirst erfolgreich deinen Weg beschreiten. Leg los, mal deine erste Map – ich bin überzeugt, es wird der Hammer!

Lisa setzt sich mit viel Eifer an ihre Planung und wird aktiv. Nachdem sie entschieden hat, dass sie sich mit der Idee „Gesundes Fastfood" selbstständig machen will, sprudeln ihre Einfälle nur so. Wichtig ist ihr hierbei die umweltschonende Herstellung und der ökologische und regionale Anbau der Produkte, die sie verwertet. In welcher Form sie gesundes Fastfood vertreiben wird, das steht noch nicht fest, aber der erste Schritt ist getan: sie hat die Entscheidung gefällt, nicht mehr zurück zu ihrem alten Arbeitgeber zu gehen, sondern stattdessen etwas völlig Neues zu machen. Etwas, das ihren Neigungen und Träumen endlich näherkommt. Im Anschluss erstellt sie einen konkreten Plan, um die nächsten zwei Wochen effektiv für ihre Job-Planung zu nutzen.

TOOL-BOX

⑧ Zum Ideensammeln: Nutze die Technik des ***Brainstormings***. Dabei ein weißes Blatt querlegen, den Begriff in die Mitte – und los geht's mit dem kreativen (unstrukturierten & unzensierten) Sammeln deiner Ideen!

⑨ In einem ***Mindmap*** kannst du deine Gedanken und Einfälle dann im Anschluss strukturieren, hierarchisieren und ordnen, so dass du klarer siehst, welche Möglichkeiten du in deiner Phase der Jobfindung tatsächlich hast.

Die konkrete Umsetzung deiner Gedanken in ***deine Planung der Woche*** (siehe Tool 6) sollte sich entlang deiner Ziele hangeln. Hierbei unterscheide übergeordnete Ziele (von deiner Vision abgeleitet) und Wochen- bzw. Tagesziele. Dein Lebensziel bzw. deine Vision darfst du natürlich nie aus den Augen verlieren!

TOOL 10-20

TEIL 2 AN DIE ARBEIT!
LESEN, LERNEN, MERKEN & DICH GUT VERKAUFEN

STEP 4: NEUES WISSEN AUFNEHMEN – SO GEHT'S SCHNELL & EFFEKTIV

TOOL 10

AKTIVES LESEN – QUERLESEN FÜR DEN ERSTEN ÜBERBLICK

TOOL 11

SPEEDREADING – SCHNELLER DURCH VIELE SEITEN KOMMEN

TOOL 12

DIE KOMBI MACHT'S – AKTIVES SPEEDREADING

WER ZU LESEN VERSTEHT, BESITZT DEN SCHLÜSSEL ZU GROẞEN TATEN, ZU GRENZENLOSEN MÖGLICHKEITEN. *Aldous Huxley*

Lisa, du hast dich nun entschieden, dir im Bereich „Start-ups“ und „Biologisches Essen“ einen Namen zu machen. Weißt du denn eigentlich, was auf dem Markt so los ist? Welche Trends es gibt? Wer hier tonangebend ist und welche Mitbewerber mit welchem Schwerpunkt es bereits in Deutschland oder auch international, gibt?

Lisa: *Hmm, da gibt es bestimmt schon eine ganze Menge. Sicher auch Anbieter, die eine geniale Idee haben – bestimmt braucht keiner so etwas wie „Gesunde Burger“, oder „Healthy Family Fastfood“, oder „Der gesunde Mittagstisch nach Hause geliefert!“. Ach, meine Idee will doch bestimmt gar keiner …*

Nun mal nicht gleich so negativ, deine Idee hört sich super an, finde ich. Und selbst, wenn es Ähnliches schon gibt: Du kannst es besser machen, noch stärker dein persönliches Profil herausarbeiten und das Beste der anderen gut kopieren, ganz nach Austin Kleon:

FANG AN ZU KOPIEREN. KOPIERE, WAS DU LIEBST. KOPIERE, KOPIERE, KOPIERE. AM ENDE DER KOPIE WIRST DU DICH SELBST FINDEN.[7]

Du spekulierst ja hier erst einmal nur. **Wissen** tust du noch nicht, was es genau auf dem Markt gibt. Daher empfehle ich dir: Nimm dir die nächsten Tage Zeit, dich zu **informieren**, dich einzulesen, dir so viele Infos wie möglich zu beschaffen. Erst dann, wenn du die Situation wirklich kennst, kannst du einschätzen, ob deine Idee zündet, oder ob du sie noch einmal verändern, dem Markt anpassen, durch neue Einfälle verbessern willst.

Lisa: *Upps, und wie mache ich das? Wo fange ich an? Was soll ich lesen? Und ganz ehrlich, ich bin eine furchtbar langsame Leserin. Das merke ich immer schon, wenn mein Mann und ich gemeinsam in die Zeitung schauen oder den Videotext lesen: Er ist immer in Sekundenschnelle fertig, wenn ich noch am zweiten Satz herumstottere. Das ist total frustrierend, dabei habe ich früher immer viel gelesen. Ich war als Kind eine richtige Leseratte. Habe Kinderbücher, Jugendromane, eigentlich alles, was mir in die Hände fiel, verschlungen.*

Jetzt fällt es mir oft schwer, EIN Buch wirklich zu Ende zu lesen. Oft habe ich fünf Bücher parallel auf dem Nachttisch liegen. Vor allem kann ich mich kaum konzentrieren: jegliche Geräusche, störende Gedanken oder Unterbrechungen lenken mich sofort ab und geben mir die Gelegenheit, erst einmal etwas anderes zu machen. Es ist furchtbar, ich komme mit meinem Lesestoff einfach nicht weiter …

7 Austin Kleon, Alles nur geklaut, 2013, S. 41; Kleon zitiert hier Yohji Yamamoto, japanischer Modedesigner.

TOOL 10 AKTIVES LESEN – QUERLESEN FÜR DEN ERSTEN ÜBERBLICK

Lisa, so wie du dein Leseverhalten beschreibst, geht es sehr, sehr vielen Menschen. Du stehst also nicht allein da mit deinem Konzentrationsproblem und deiner vermeintlichen Langsamkeit. Die Menge an Infos, die tagtäglich über alle möglichen Kanäle auf uns hereinprasseln, machen die Situation nicht einfacher. Daher möchte ich dir hier ein paar wichtige Tipps ans Herz legen, wie du deine Informationsaufnahme effektiver gestalten kannst. Die gute Nachricht: Du kannst dein Lesen durch die richtige Technik **beschleunigen** und diese kannst du recht einfach trainieren. Ich bin davon überzeugt, und die vielen Hundert Menschen, die diese Technik schon bei mir lernen durften, bestätigen dies: Nur über eine **erweiterte Informationsaufnahme** wird es dir gelingen, dich schnell in das neue Thema hineinzudenken.

Wie wir gemeinsam bisher herausgearbeitet haben, möchtest du ein Konzept rund um das Thema gesundes Fastfood entwickeln. Um den Markt kennen zu lernen, deine Konkurrenzsituation einschätzen zu können, vor allem gute Ideen zu generieren notfalls auch zu klauen, um nun dein Konzept zu dem besten in der Branche zu machen, brauchst du Informationen. Klar, oder?

++ INFO ++ INFO ++ INFO ++ INFO ++ INFO

Mein Tipp: Verschaffe dir einen raschen Überblick über die einschlägigen Blogs, aktuellen Zeitschriftenartikel, Fachliteratur zum Thema „nachhaltige Ernährung", „Gesundes Fastfood". Wer sind die wichtigsten Vertreter/innen? Was genau passiert gerade in der Branche? Wie berichtet die Presse über das Thema Food Start-ups? Was kannst du sonst noch alles herausbekommen?

Und für einen richtig schnellen Überblick über die einschlägigen Infos werde ich dir jetzt beibringen, wie du deine Lesegeschwindigkeit verbesserst: durch die Methode des **Aktiven Lesens**.

Deine Lesebremsen

Wir Normalsterblichen lesen meist viel zu genau, wollen jedes einzelne Wort verstehen und verlieren oft den Faden, springen daraufhin im Text zurück und kommen einfach nicht vom Fleck. Unsere Gedanken gehen dann auf Wanderschaft, denken an die Wäsche oder was wir zum Abendbrot zaubern. Das sind regelrechte **Lesebremsen**. Hierzu gehört auch das Fokussieren auf einzelne Wörter oder Buchstaben, gedankliches Abschweifen, der Tick, immer wieder an den Anfang des Satzes oder Absatzes zu springen, unsere innere Stimme, die alles mitliest und vor allem Demotivierung durch zu viel Lesestoff.

Wenn du die folgenden Regeln nach und nach beachtest und immer wieder übst, wirst du innerhalb kürzester Zeit doppelt so schnell lesen können – mindestens! Um dein jetziges Lesetempo genauer feststellen zu können, lege ich dir zudem ans Herz: Mache einen Speedreading-Lesetest. Im Anhang findest du einen Text, den du dir jetzt sofort vornehmen kannst.

Im Anschluss gibt es eine Anleitung, wie du deine Geschwindigkeit UND deine Verständnisrate ausrechnen kannst – und einen Hinweis darauf, ob du eine eher schnelle, durchschnittliche oder langsame Leserin bist. Denn nur, wenn du die **IST-Situation** kennst, wirst du sehen können, wie du dich steigerst. Ganz wichtig ist hier, Lisa: egal, welche Lesegeschwindigkeit bei dir herauskommt: Dies ist kein Test, der dich in irgendeiner Weise beurteilt! Es geht nicht um gut oder schlecht, um ZU langsam oder ZU schnell – es ist nur eine Feststellung.

Eventuell geschieht das Steigern deiner Lesegeschwindigkeit zunächst auf Kosten des Verständnisses: das muss dir bewusst sein, denn beides auf einmal zu steigern ist schier unmöglich. Aber nach und nach wird dein Verständnis ebenfalls besser – vor allem, da du lernst, dich mehr und mehr auf die zentralen Gedanken jedes Textes zu konzentrieren.

Aber ich greife ja viel zu sehr vor: Sieh dir doch zunächst mal die genaue Vorgehensweise beim **Aktiven Lesen** an:

1 STUNDE

1. Nimm dir am besten ein aktuelles Sachbuch zum Thema deiner Traumtätigkeit vor, z.B. „Bio-Fast-Food“ oder „Gründerszene in Deutschland“ und richte dir **eine Stunde Zeit** ein. Habe Klebezettel, Marker, ein Notizheft und Ähnliches vorbereitet, damit du keine Entschuldigung zum Unterbrechen hast und dir während der Lektüre, z. B. in Form eines Mindmaps, ein paar Notizen machen kannst. Was tust du normalerweise zuallererst, wenn du ein neues Sachbuch in den Händen hältst?

Lisa: *Ich weiß nicht, darin blättern? Schon mal „reinlesen“, um mir einen Eindruck zu verschaffen?*

ÜBERBLICK

2. Genau – du versuchst im ersten Schritt einen groben **Überblick** zu bekommen, damit du weißt, wie das Buch aufgebaut ist, ob dir der Stil gefällt oder auch die optische Aufmachung dich anspricht. Genau so funktioniert auch der erste Schritt unseres „Aktiven Lesens“: Du nimmst dir 15 Minuten Zeit, um dir einen groben Einblick zu verschaffen. Was für ein Buch halte ich hier gerade in den Händen? Wie ist es aufgemacht? Wie lang ist es? Gibt es Skizzen, Zeichnungen, Arbeitsblätter? Wer ist überhaupt der Autor/die Autorin?

Lies also in diesem ersten ‚Beschnuppern' deiner Lektüre Titel, Untertitel, Angaben zum Autor/Autorin, zum Erscheinungsjahr und lies den Klappentext. Blättere schnell durch das Buch, lies auf jeden Fall die erste und letzte Seite, das Vorwort, die Einleitung, die Schlussfolgerung und das Stichwortverzeichnis. So verschaffst du dir einen Eindruck von Stil, Länge und Aufmachung des Buches. Ein Trick zur Beschleunigung ist noch folgender – und der klappt insbesondere für wissenschaftliche Artikel und Fachartikel: Lies von jedem Absatz immer nur **den ersten Satz**, den Rest des Absatzes überliest du einfach. Dahinter steckt, dass AutorInnen ihre Weisheiten tendenziell immer gleich zu Anfang eines Absatzes preisgeben, danach wird weiter erläutert, es folgen Beispiele, etc. Man nennt dies Im Lese-Fachjargon **„Parapraphing"** und viele meiner Teilnehmerinnen an Leseseminaren sagen, dass dieser Schritt sie enorm beschleunigt hat.

3. Wenn du das Buch/den Text nun grob kennst – und es nach wie vor lesen willst – solltest du dir JETZT die ultimative Frage stellen: Welches **Ziel** für die Lektüre strebe ich an? Welche **Absicht** verfolge ich oder was genau WILL ich von dem Buch?

ZIEL

Diese Frage visualisierst du, hängst sie vor deinen Augen auf oder schreibst sie am besten auf dein Mindmap. Sie wird automatisch deinen **Leseprozess lenken** und dich auch nur DAS lesen lassen, was du brauchst. Wenn du hingegen erst einmal anfängst zu lesen, hier und dort mal hineinschnupperst, dich teilweise festliest, weil es so spannend ist, verschenkst du wertvolle Zeit. Und davon hast du nicht so viel.

Lisa: *Das habe ich ja noch nie gemacht. Hört sich schlüssig an, das muss ich sagen … bisher hat mir das nur noch niemand beigebracht.*

Ja, das höre ich immer wieder von meinen TeilnehmerInnen: Ab Ende der Grundschule hört man irgendwie auf, seinen Leseprozess weiter zu verfeinern. Komisch, das wäre so, als würden wir immer noch mit unserer allerersten Word Version schreiben …

Also, ganz wichtig für dich, liebe Lisa: Nie mehr einen Text lesen, ohne dir **vorher Gedanken** dazu zu machen und deine persönlichen Erwartungen an das Buch zu formulieren. Ok? Und dazu gleich ein **Mindmap** skizzieren, dann hast du einen guten Überblick, „gehirn-gerecht" aufgearbeitet und das ist für dein weiteres Erarbeiten der Textinhalte sicher sehr hilfreich.

VORWISSEN

4. Was dein Verständnis und deine Erwartungshaltung noch unterstützen kann, ist an dieser Stelle dein **Vorwissen**: Trage doch in einem Brainstorming mal dein Wissen bzw. alle Informationen, die du bereits zum Thema hast, einmal fix zusammen. Warum? Weil es dem Gehirn gefällt, an bereits Bekanntes anzuknüpfen. Deine Neugier wird geweckt, denn du wirst dich beim Lesen überprüfen: Stimmt's oder lag ich falsch?

Je besser du dich in dem Thema, in das du dich gerade einliest, auskennst, desto schneller wirst du auch lesen. Warum? Aufgrund der Vorgehensweise deines **Gehirns**: während des Lesens führt dein Gehirn nämlich automatisch einen Abgleich zwischen dem, was du gerade liest und dem, was du bereits über das Thema weißt – und sei es noch so gering – durch. Wenn du das neue mit dem bereits vorhandenen Wissen in Verbindung bringst, werden sich die neuen Informationen im Gehirn schneller an das Wissensnetz anknüpfen können. Das macht Freude, also bist du motiviert, weiter zu lesen und möchtest automatisch mehr zu dem Thema erfahren.

Nimm dir in Zukunft bitte immer 5 Minuten Zeit für dein kleines „Vorwissen-Mindmap". So wirst du bevor dein Leseprozess tatsächlich losgeht den Inhalten des Buches schneller & besser folgen können.

Im letzten und **5.** Schritt nun, kannst du entscheiden: Lesen oder nicht lesen? Wenn du die Antwort auf deine Frage nicht findest, dann sei`s drum: Weg damit! Zeit gespart – und das ohne schlechtes Gewissen – denn schließlich hast du es ja angelesen. Du siehst etwas erschöpft aus, Lisa. Alles klar soweit?

JA? NEIN?

Lisa: *Puuh, das war jetzt ganz schön viel auf einmal: Kannst du nochmal die wichtigsten Schritte zusammenfassen?*

AUF EINEN BLICK

1. ***Eine Stunde Zeit*** nehmen, an einem ruhigen Ort mit dem nötigem Material zurückziehen.
2. Umfassenden ***Überblick*** (15 Min.) über das Buch/den Text oder Aufsatz verschaffen, eventuell dazu ein ***Mindmap*** skizzieren (Inhaltsverzeichnis, Aufbau, Klappentext, Infos zu Autor/in etc.)
3. ***Ziel*** formulieren: Was will ich von dem Text? Welche ***Leseabsicht*** habe ich?
4. Dein ***Vorwissen*** zum Thema checken: Lass dein gesamtes Wissensnetz an der Informationsaufnahme und -verarbeitung teilhaben.
5. ***Blick zurück*** auf deine Frage: Wird meine Erwartung erfüllt? Finde ich Antworten? Wird dieses Buch/dieser Text mir bei der Erreichung meines Zieles helfen?

Lisa: *Hmm, klingt eigentlich alles ganz logisch. Habe ich noch nie so gemacht. Aber klar: Bisher habe ich mir ehrlich gesagt über meine Art des Lesens gar keine Gedanken gemacht. Ich lese eigentlich immer so drauflos. Und behalte leider wenig. Oft bin ich ziemlich unkonzentriert und denke gleichzeitig an 45 verschiedene Sachen. Ach, das wäre ein echter Fortschritt, wenn ich von nun an schneller mit meinem ganzen Lesematerial zurechtkäme… Was ich DANN alles lesen könnte! Endlich würden meine Stapel auf meinem Nachttisch weggelesen werden. Hach, das macht mir gerade richtig gute Laune.*

Super! Und der zentrale Punkt ist hier nochmal: Lege deine eigene **„Lesezeit"** fest. Auch wenn du einmal nur eine halbe Stunde Zeit hast: du nutzt durch diese Festlegung – und auch Limitierung der Lesezeit – das Phänomen der sog. **„erzwungenen Effizienz"**[8]: Nimm an, es ist Freitag vor deinem Urlaub. Du musst um 12:00 Uhr das Büro verlassen, da dein Zug um 16:00 Uhr losfährt. An diesem Vormittag – und insbesondere in der letzten Stunde vor deiner Deadline – bist du extrem effektiv. Die Aufgaben werden einfach – zack, zack – erledigt. Ohne Wenn und Aber, denn schließlich willst du einen ordentlichen Schreibtisch und eine abgearbeitete To-Do-Liste zurücklassen. Und genau diese Effizienz im Denken nutzen wir auch beim Lesen: **Zeitpunkt und Länge der Zeit** festlegen und daran halten. Das beschleunigt dich unwahrscheinlich!

Lisa: *Ok, das werde ich gleich heute Nachmittag ausprobieren. Aber wie komme ich jetzt wirklich schneller durch den Text?*

8 S. Martin Krengel: http://www.martinkrengel.com/brain-productivity/stress-im-job-bewaeltigen-mit-diesen-expertentipps/

TOOL 11 SPEEDREADING – SCHNELLER DURCH VIELE SEITEN KOMMEN

> ONE TROUBLE WITH DEVELOPING SPEEDREADING SKILLS IS THAT BY THE TIME YOU REALIZE A BOOK IS BORING YOU'VE ALREADY FINISHED IT.
>
> *Franklin P. Jones, US Reporter und Humorist*

TOOL 11

Blickspanne erweitern = mehrere Worte gleichzeitig erfassen
Lesen ist in höchstem Maße ein Filtern von Informationen und Fakten aus einem riesigen Volumen an Wissen. Bemühe dich daher, **nicht jedes einzelne Wort** nach und nach mit den Augen aufzunehmen, sondern versuche, 2-3, möglichst sogar 4 Wörter auf einmal aufzunehmen. Wir nennen das **„die Blickspanne erweitern"**. Zwing dich dazu; du wirst merken, dass dir für die Sinnfindung des Textes Wörter wie „und", „auch", „das", „ohne", etc. nicht wirklich fehlen werden. Wichtig sind Nomen, Namen, Verben und ggf. Adjektive.

Wenn du dich auf die sinntragenden Wörter des Kapitels konzentrierst und die anderen nicht bewusst aufnimmst, wirst du schon mal um ein Vielfaches schneller. Und hast vor allem **nur die relevanten Informationen im Kopf.**

Augenmuskeln trainieren
Und das bringt mich auf den nächsten Punkt: Ebenso wie du dich u. a. durch gezieltes Beintraining auf einen zukünftigen Marathon vorbereiten solltest, musst du hier als Vorbereitung deine **Augenmuskeln trainieren**. Ja, du wirst lachen: Augenmuskeln? Diese 6 Muskeln sind für das Funktionieren deiner Augenbewegungen verantwortlich, trainiere sie also! Sonst kommst du nicht schnell genug voran. Eine gute Übung hierfür findest du im Anhang – probiere sie ruhig gleich einmal aus (siehe Anhang Seite 154).

Lesehilfe hilft den Augen

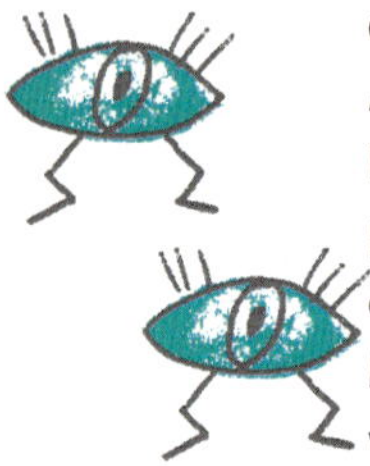

Um deine Augen in Schach zu halten, damit sie nicht abwandern und dein Lesetempo dadurch verlangsamen könnten, gibst du deinen **Augen eine Orientierung**. Ebenso, wie du deinen Finger benutzt, um auf einer Liste mit vielen Nummern deine eigene schneller herausfinden zu können, du also deinen Zeigefinder als visuelle Hilfe benutzt, gibst du auch beim Lesen deinen Augen einen Anhaltspunkt, wohin sie wandern sollten. Hierbei gibt es natürlich unterschiedliche Richtungen und Schwingungsarten. Einfach mal ausprobieren und nicht gleich nach dem ersten Mal, nur weil der Stift zunächst einfach nur stört, gleich wieder aufgeben. Erst nach dem fünften bis sechsten Mal mit **Lesehilfe**, merken die meisten aspirierten SpeedreaderInnen eine wirkliche Beschleunigung durch mehr Orientierung für die Augen.

Nur vorwärtsbewegen – keine Regression!

Das, was deine Lesegeschwindigkeit am meisten und wirksamsten voranbringen wird, kommt jetzt: Versuche, den Tick des ständigen **Zurückspringens** (im Fachjargon: **Regression**) tunlichst zu vermeiden! Auch wenn du meinst, den einen oder anderen Gedanken nicht wirklich erwischt zu haben, lies weiter. Zum einen wird der Gedanke bestimmt noch mehrmals wiederholt, und zum zweiten unterschätze dein Gehirn nicht. Es ist ständig dabei, Dinge zu vervollständigen. Und es kann nur sehr schlecht mit der Unlogik zerrupfter Sätze umgehen.

Diese Regressionen passieren dir, wenn du beim Lesen abgelenkt bist und deine Gedanken abschweifen. Oder wenn du meinst, ein Wort nicht richtig gelesen oder verstanden zu haben – schon gehen deine Augen zurück im Text – und der ganze Textflow und Gedankenflow geht flöten. Vergleiche es mit dem Laufen: nur, weil etwas ziept und drückt hältst du ja auch nicht alle 3 Meter an und beginnst wieder an der Ausgangslinie. Nein, du rennst weiter und erst nach einiger Zeit kommst du in den bekannten und wohltuenden Laufrhythmus, bei dem die Endorphine durch deinen Körper schwimmen, du richtig gut gelaunt bist und vorankommst mit dem Training. In eben diesen **Lese-Flow** möchte ich dich bringen. Schau also nicht zurück, sondern zwinge dich, immer weiter voranzukommen. Und du wirst lachen: Je schneller du liest, desto mehr wirst du verstehen. Allein aus dem Grunde, weil du alle Wörter als Ganzes siehst – zwar nicht einzeln fixiert, aber sozusagen gechunkt.

Zu deiner Beruhigung: Die Wissenschaft hat bewiesen, dass wir außerdem von den meisten Texten nicht mehr als 80 % zu verstehen brauchen. Den Rest wissen wir entweder schon, oder er ist nicht wichtig für unsere Ausgangsfrage.

AUF EINEN BLICK

1. ***Blickspanne erweitern*** (kein Wort-für-Wort-Lesen!) und dadurch Fixationen verringern
2. ***Augenmuskeln*** trainieren
3. ***Lesehilfe*** für eine bessere Orientierung der Augen nutzen
4. In den ***Leseflow kommen und NUR vorwärtsgerichtet*** lesen, indem du Regressionen (= Zurückspringen im Text) vermeidest
5. ***Erzwungene Effizienz*** (Zeitpunkt- und Länge der Lesezeit festlegen)
6. ***Motiviert und optimistisch*** bleiben

TOOL 12 DIE KOMBI MACHT'S: AKTIVES SPEEDREADING

Meine Idee hier: Füge beide Methoden, also **Aktives Lesen** und **Speedreading**, **zusammen** und nutze sie kombiniert: im Kombipack heißt das dann zunächst, den jeweiligen Text einmal schnell und flüchtig herunterzulesen, ohne Anspruch auf ein tieferes Verständnis. Nur um zu sehen, worum es eigentlich geht. Erst im zweiten Schritt, wenn du also bereits grob weißt, worum es geht und worauf der Autor/die Autorin hinauswill, dann erst startest du mit dem gezielten Speedreading: Du liest die relevanten Teile in sehr konzentrierter und zielgerichteter Art, so rasch wie oben beschrieben. Um längerfristig die gelesenen Textinhalte im Kopf zu behalten und dich auch später noch daran erinnern zu können, fertige abschließend eine Mindmap an – dies hilft mir persönlich enorm, über Gelesenes berichten zu können und dich auch an Details bestens zu erinnern. Ein kleiner Schritt mehr – mit überwältigendem Effekt!

Fazit: Du hast nun gelernt, schneller zu lesen und dir mehr Infos und Wissen im Schnellverfahren anzueignen. Diese Techniken, bzw. insbesondere die **Kombination** von **Aktivem Lesen, Speedreading** und **Mindmapping**, sind genial, um in Zeiten der Informationsflut zurecht zu kommen und die richtigen Infos schnell herauszufiltern. Außerdem hast du sicherlich gemerkt, dass du dir WENIGER aber dafür wichtige Infos auch leichter merken kannst. Eine tolle Voraussetzung, um dich zu einer Spezialistin auf deinem zukünftigen Arbeitsgebiet zu machen. Und um einen klaren Vorsprung zu gewinnen, denn hierzulande kümmern sich die wenigsten um eine Effizienz ihres Lernens. Die meisten Menschen denken bei „Lernen" ja in erster Linie an Schule und Uni oder Ausbildung – eine fatale Fehleinschätzung!

DIE ZUKUNFT GEHÖRT DENEN, DIE IN DER LAGE SIND, IMMER WIEDER ETWAS NEUES ZU LERNEN. (...) DER WERT DER MENSCHEN LÄSST SICH INS UNENDLICHE STEIGERN, VORAUSGESETZT, MAN IST BEREIT, ETWAS ZU INVESTIEREN. *Bill Gates*

Wenn du dieses Vorgehen, auch mit Hilfe der Übungsblätter im Anhang dieses Buches wöchentlich eine Stunde übst, wirst du in 4 Wochen deine Lesegeschwindigkeit sicher verdoppelt haben – garantiert! Und es wird dir ab sofort besser gelingen, dich durch den Dschungel der Infos, News, Fakten und Tatsachen zu deinem Spezialgebiet zügig hindurchzuarbeiten. Es wird dir leichter fallen den Riesenrespekt vor „So viele aktuelle Informationen, so viele Änderungen ... " zu verlieren und dich mit einem Netz an gutem, zuverlässigem Grundwissen an die nächste Aufgabe zu wagen. Denn denke daran: Dein Wissen ist DEINE Macht!

Lisa ist beeindruckt und ein wenig eingeschüchtert: *Das alles soll ich lernen? Scheint mir irgendwie ganz schön viel auf einmal ... Und ich habe natürlich Angst, etwas Wichtiges zu verpassen oder die relevanten Inhalte gar nicht zu finden, wenn ich jetzt durch alle Texte so durchrase ... Ich habe mein ganzes Leben lang völlig anders gelesen – und scheinbar alles falsch gemacht. Das ist echt frustrierend.*

Lisa, sobald du etwas an deinem Verhalten verändern willst, begibst du dich aufs Glatteis, das heißt auf unsicheres, neues Terrain. Die meisten Menschen begegnen dieser Aussicht mit Unbehagen und Misstrauen. Alles so zu lassen, wie es ist, scheint immer einfacher. Denn es belässt dich in deiner **Komfortzone** die ist warm, weich, heimelig und bekannt.

Nun willst du hier und jetzt aber etwas Wichtiges verändern: Du willst deine ganze Energie sammeln und deinen Wiedereinstieg in Angriff nehmen. Das bedeutet auf Neues, Unerwartetes, vielleicht zunächst Schwieriges zu stoßen. Speedreading gehört dazu: Du verlässt zunächst deine Lese-Komfortzone. Aber ich kann dich beruhigen: Das traditionelle Lesen ist hierbei nicht außer Kraft gesetzt. Bestimmte Texte wirst du weiterhin ganz bewusst in Ruhe, langsam und intensiv lesen müssen und zwar immer, wenn es auf jedes Wort ankommt. Eine Gebrauchsanweisung hat etwa solche Passagen, das Kleingedruckte in einem Vertrag oder eine Rechnung – eben spezielle Texte, für die das traditionelle Lesen genau richtig ist. Es gibt darüber hinaus aber jede Menge Texte zu lesen, bei denen es auf die **Botschaft** ankommt, den **Kern der Aussage** oder auf die **Gedankenstruktur**. Hier brauchst du nur einige wenige Aussagen aus dem Text oder Buch und kannst Zeit und Energie sparen, indem du eben NICHT von Anfang bis Ende und Wort für Wort oder Zeile für Zeile ALLES liest.

Bedenke eines, Lisa: Deine Augen können rein physiologisch mehr als 1000 Wörter pro Minute erfassen und dein Gehirn kann diese Infos problemlos verarbeiten. Wenn du also mit Tempo 120 Worte pro Minute (wpm)[9] liest, **unterforderst** du dein Gehirn und bleibst weit unter deinen intellektuellen Möglichkeiten!

Also, auf geht's! Ran an den nächsten Text. Lies dich frei und bleibe dran!

9 Die Geschwindigkeit beim Lesen wird in der Einheit wpm = Worte pro Minute berechnet

STEP 5: DENK DICH SCHLAU – FITNESSTRAINING FÜRS GEHIRN

TOOL 13

BILDER, GESCHICHTEN, ASSOZIATIONEN

TOOL 14

BAUM-METHODE: GIB ZAHLEN EINE CHANCE!

TOOL 15

LOCI-TECHNIK

Du hast bestimmt schon im vorangegangenen Kapitel gemerkt: dieses **Speedreading** strengt mein Gehirn ja ganz schön an! Bringt mich aber auch voran. Schnelllesetechniken zählen zu den gängigen Gedächtnistrainings, denn wir erhöhen unsere Merkfähigkeit durch effizientes Lesen ganz enorm.

Lisa: *Warum muss ich eigentlich mein Gedächtnis trainieren? Ist das nicht automatisch gut, weil ich mich mit so vielem Neuen befasse? Ich konnte eigentlich immer ganz gut lernen, zum Beispiel Auswendiglernen und Vokabeln lernen war immer ein Kinderspiel für mich … Sollte ich meine Zeit nicht eher auf meinen Lebenslauf oder mein erstes Vorstellungsgespräch vorbereiten?*

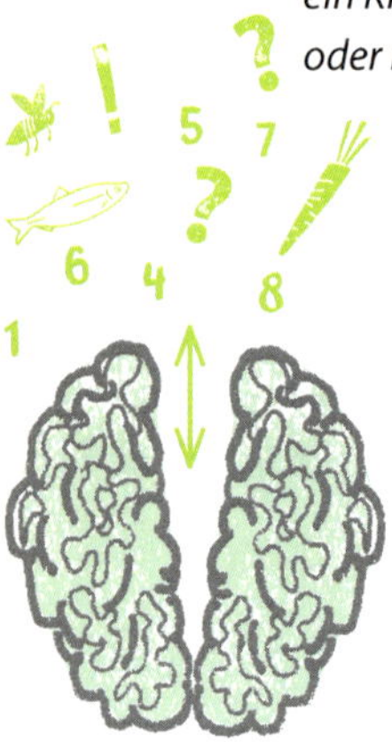

Tja, Lisa, ich verstehe dich: Natürlich hat dein Gehirn schon ganz gut zu tun wegen der vielen neuen Dinge, mit denen du dich zurzeit so intensiv beschäftigst. Doch hast du wirklich ein GUTES GEDÄCHTNIS?

Die Dinge verändern sich heutzutage einfach in einem so rasanten Tempo, wenn du also auch in Zukunft ein gutes Gedächtnis haben und kristallklar denken können möchtest, solltest du für die Flexibilität deines Denkens, die Fitness deines Gehirns und die Weiterentwicklung von Kreativität und Fantasie unbedingt etwas tun.

Die gute Nachricht ist: Du kannst die Leistung deines Gehirns gezielt und systematisch durch Übungsaufgaben trainieren. Hierbei helfen dir zum Beispiel die so genannten **Mnemotechniken** – eine uralte Form des Gedächtnistrainings, die die alten Griechen bereits erfolgreich zu nutzen wussten. Lisa, du hast ein gut funktionierendes Gehirn zwischen deinen Ohren, das hast du durch deine exzellente Ausbildung und deinen Erfolg bisher ohne Zweifel bewiesen. Nun tue wieder etwas dafür, deine Gehirnkapazität voll auszuschöpfen – du wirst überrascht sein, was dein Kopf noch alles kann.

Zuallererst: **Der Spaß beim Lernen**, Lesen und Abspeichern ist wichtig! Viele vergessen das. Dein Gehirn lernt ja immerzu, denn es nimmt Daten auf, sammelt, speichert, verwirft. Doch ob und wie lange diese Daten aufgenommen und gespeichert werden, all das wird im sogenannten **limbischen System** entschieden: Emotionale Verbindung zum Lernstoff = Gehirn ist lernbereit. Gefühle und Denken sind sehr eng miteinander verbunden und die emotionale Beteiligung am Lernen daher nicht zu unterschätzen. Du kannst auch sagen: Lernen macht happy! Und Lernen mit Humor und witzigen Eselsbrücken macht noch happier, das wirst du gleich sehen. Es geht also um ein **gutes Gedächtnis** einerseits, d.h. Dinge nicht sofort wieder zu vergessen und zum Beispiel als Fachfrau eloquent und kompetent über deine Themen berichten zu können.

Andererseits brauchst du, um auf **neue Lösungen und Ideen** zu kommen, Kreativität und Denkflexibilität. Und auch das hat mit einem guten Gedächtnis zu tun.

Lisa, mal ganz ehrlich: Was willst du dir in Zukunft besser merken können? Wo tun sich bei dir hin und wieder kleinere Lücken oder Blockaden auf?

Lisa: *Hmm, da fällt mir eine Menge ein. Zum Beispiel habe ich mit* ***Namen*** *Probleme. Gesichter merke ich mir gut, aber Namen … Und ich merke, dass mein* ***Allgemeinwissen*** *etwas nachlässt. Hauptstädte, Flüsse oder auch politische Fakten wusste ich früher aus dem Effeff, jetzt sind da nur noch Bruchstücke vorhanden.*

Natürlich passiert es mal, dass du auf einen Namen nicht kommst oder dir die Hauptstadt von Weißrussland nicht einfällt. Es können hier, z. B. aufgrund deines sensiblen Alters, die fehlenden Östrogene schuld sein – man hat nämlich festgestellt, dass ein niedriger Östrogenspiegel, insbesondere bei Frauen in und um die Wechseljahre, zusätzlich das Gedächtnis schwächt.[10]

Aber mal ehrlich: Wie lange soll frau sich darüber beschweren und jammern? Warum nicht endlich etwas dagegen tun? Interessanterweise ist es übrigens oft nur einfach Geistesabwesenheit oder Schusseligkeit, die uns glauben lässt, uns nichts mehr merken zu können. Das heißt, die Informationen kommen aufgrund von Zerstreutheit, Interferenzen oder schlechtem Zuhören gar nicht erst im Gehirn an. Sobald wir uns auf die jeweilige Aufgabe, den Namen oder die Information konzentrieren und richtig zuhören, funktioniert das Gedächtnis besser.

Bleib also einfach entspannt und unverkrampft und versuche, das Ganze spielerisch zu sehen. Nach den ersten Erfolgen wirst du merken: Merktechniken machen süchtig, genauso wie Sport süchtig machen kann, sobald man Erfolge sieht.

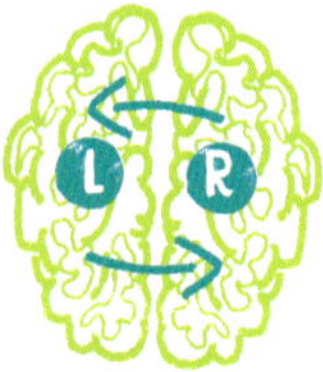

Und nebenbei bemerkt: Es gibt noch andere Dinge, die du zur Steigerung deiner Denkkapazität tun kannst, nämlich regelmäßige körperliche Bewegung, spezielles Brainfood, und immer neue Herausforderungen für deinen Denkapparat. Zum Beispiel einmal mit der anderen Hand deine Zähne putzen. Oder rückwärts die Treppe hinaufgehen, oder eben regelmäßig Listen mit Wörtern

10 Cathryn Jakobson Ramin, Carved in Sand. When Attention fails and Memory fades in Midlife, 2007, S. 138.

oder Fakten der Allgemeinbildung nach der Loci- oder Geschichtentechnik lernen. Jonglieren ist übrigens auch hervorragend für das Gehirn, ebenso, wie auch „im Alter" noch ein Instrument zu erlernen. Gerade Klavierspielen eignet sich besonders gut hierfür, da beim Lernen von Noten, dem Üben und Spielen ganz andere Teile des Gehirns in Anspruch genommen werden als zum Beispiel beim Sprachen oder Vokabeln lernen.

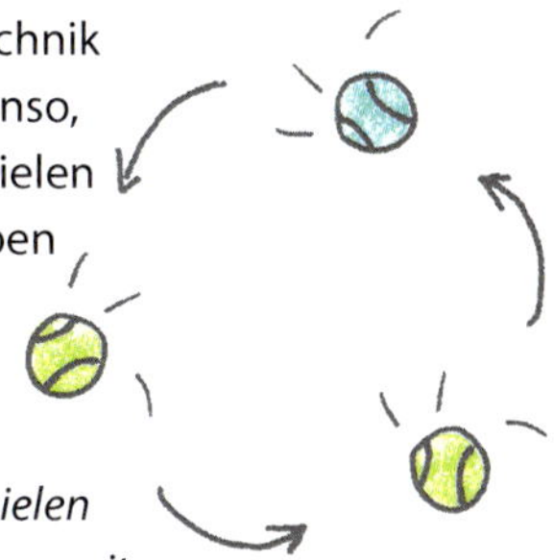

Lisa: *Ok, dann kann ich ja gleich mit meiner Tochter zusammen Klavierspielen lernen, das finde ich klasse! Aber was hat denn bitte schön meine Ernährung mit dem Thema zu tun? Ich denke, es geht um Gedächtnisübungen, Merktechniken, Eselsbrücken und so etwas?*

Über die gesunde Ernährung im Zusammenhang mit unserer Gedächtnisleistung wurde schon sehr viel geschrieben und es gibt unterschiedliche Ansätze, mit denen wir uns jetzt nicht zu lange aufhalten wollen. Dennoch möchte ich kurz erwähnen, dass sich aktuelle Forschungen in folgenden Punkten einig zu sein scheinen:

Wasser ist zum Lernen extrem wichtig. Es geht um Chemie. Alles, was sich im Kopf im Zusammenhang mit deinen Neuronen, Synapsen und Transmitterstoffen abspielt, hat entscheidend mit dem chemischen Element Wasser zu tun.

Außerdem gibt es bestimmte Nahrungsmittel, die sich offenbar positiv auf die Bildung von Synapsen und somit auf dein Lern- und Denkvermögen auswirken. Hierzu gehören: Curry, Sellerie, Broccoli und Blumenkohl, sowie Walnüsse und andere Nüsse. Sie alle enthalten z. B. Antioxidantien. Gesunde

Fette, Blaubeeren, hin und wieder rotes Fleisch und Krabben ergeben laut den Forschungen offenbar ein besonders gutes Brainfood. Zucker, Kohlenhydrate, Gluten, tierische Fette und übermäßiger Alkohol hingegen wirken sich negativ auf unsere Denkleistung aus. Aber das brauche ich alles nicht zu erzählen, da ich es hier mit einer Ernährungsspezialistin zu tun habe!

Es ist trotzdem gut, sich über ein paar Dinge, die wir **von außen** tun und verbessern können, nochmal bewusst zu werden.

TOOL 13 BILDER, GESCHICHTEN, ASSOZIATIONEN

Kommen wir nun zu deinem **inneren Trainingszirkel**. Hierfür stelle ich dir zunächst ein paar praktische Merktechniken vor. Wir beginnen mit der folgenden Aufgabe, Lisa:

Wie heißen die Hauptstädte von Mazedonien, Zypern und der Slowakei? Na, wie sieht es aus mit deinem Allgemeinwissen?

Lisa: *Oh je, da muss ich passen – gerade diese Länder kenne ich nicht gut. Mazedonien … hmm, vielleicht Belgrad?*

Ich gebe dir mal einen Tipp: Es geht um die Städte Bratislava, Nikosia und Skopje. Hast du von denen schon mal gehört?

Lisa: *Ja, doch. Wüsste jetzt aber nicht, welche Stadt wohin gehört.*

Ok, dann erzähle ich dir mal folgende Geschichten: Aus *Mazedonien* kommt der Schauspieler **Matze** Schweighöfer, und der hat fiese Angst vor **Skorpionen**! (Skopje)

In *Zypern* gibt es viele Zypressen und zufällig überwintert der **Nikolausi** immer unter diesen **Zypressen** im Schatten – schlau von ihm, oder? (Nikosia)
In der *Slowakei* kochen die Menschen ein wenig seltsam: sie **braten** ihre Steaks immer auf **Lava**, das geht am schnellsten! (Bratislava).

Lisa: *Das ist ja völlig verrückt – stimmt das denn überhaupt? Davon habe ich noch nie etwas gehört …*

Nein, Lisa, natürlich habe ich mir das alles ausgedacht. Diese Geschichten stimmen nur in meiner Fantasie. Sie sorgen dafür, dass ich dank dieser überdrehten Stories mir endlich auch sperriges Wissen einprägen kann. Ich finde das genial. Probiere es doch mal selber aus!

Hier die **Übung 1**:
Welches sind die HAUPTSTÄDTE, die zu den folgenden Ländern gehören:

1. Weißrussland
2. Rumänien
3. Slowenien?

Na los, denk dir kleine Geschichten dazu aus, Sie können völlig an den Haaren herbeigezogen, übertrieben und bunt sein – Hauptsache, es sind DEINE Geschichten und du kannst dir etwas darunter vorstellen.

Meine Idee:
1. **Russen** kaufen nur **weiße Minz**kaugummis, weil alle anderen Farben in *Weißrussland* verboten sind. (Minsk)
2. In *Rumänien* trinkt man viel **Rum** und kann dort Ruhe und Auszeit buchen, aber nur auf Englisch, nämlich to **book a rest**. (Bukarest)
3. *Slowenien* ist dafür bekannt, dass die Menschen dort langsam (**slow**) und viel **jubeln** – sie jubeln immer ihrer Landespatronin **ANA** zu. (Ljubljana)

Lisa: *Wow, das ist toll! Ich habe so ähnliche Geschichten, hör mal:*

*1. Man diskutiert den Mindestlohn hier in Europa – auf **Weißrussisch** ist die Abkürzung dafür **MINSK**.*
*2. Rumänien ist echt brutal: Wer dort ein Buch liest – auf Engl. **book** – bekommt gleich **arrest**!*
*3. **Jubeln** tut **Jana** in Slowenien, aber ganz, ganz langsam (**Slow**enien)*

Hmm, das ging schon ganz gut, finde ich. Zwar sind die Geschichten noch nicht so rund und witzig bei dir, aber vielleicht kommt das ja noch, je länger ich übe …

Genau, du hast völlig recht! Du wirst nach und nach fast automatisch stärkere, verrückte und übertriebene Bilder finden, das ist reine Übungssache. Es wird dich überraschen, was dein Kopf alles kann, Lisa, und der erste Schritt ist getan: Unsere erste Mnemotechnik hast du bereits erfolgreich ausprobiert. Um dir die Infos allerdings langfristig merken zu können, brauchst du sicher die eine oder andere **Wiederholung**, da kommen wir nicht darum herum. Die erste Wiederholung sollte nach 20 bis 30 Minuten erfolgen. Danach erst wieder in ca. 8 Stunden. Und danach wieder nach 24 Stunden. Daraufhin sollte das Gelernte sitzen. Mit anderen Worten: in deinem Langzeitgedächtnis verankert sein.

Hier jetzt die **Übung 2**:
Merke dir die folgenden 5 Dinge deiner To-Do-Liste innerhalb von 30 Sekunden. Stelle deine Stoppuhr ein, so kannst du dich selbst besser überprüfen.

1. goldenen Schlüssel abholen 2. Zitronensaft 3. Taschentücher
4. Milch 5. Brot

Mein Tipp an dieser Stelle: Zusätzlich zur inneren geistigen Vorstellung der Gegenstände versuche deinen **Geruchs- und Geschmackssinn** als Hilfe zu nutzen. Versuche also die 5 Dinge, bzw. Aufgaben in deiner Fantasie auch zu schmecken und zu riechen: Der goldene Schlüssel, den du abholen sollst, schmeckt metallisch, bei dem Gedanken an Zitronensaft zieht sich automatisch deine Zunge zusammen, typisch für Dinge, die sauer sind. Mit dem Taschentuch reibst du dir kräftig die Nase – so sehr, dass sie rot wird und schmerzt. Und die Milch ist sauer und schmeckt einfach ekelhaft. Das Brot schließlich ist noch warm, der frische Duft steigt dir in die Nase und löst ein Wohlgefühl aus …

Alle deine Sinne zu nutzen, um so die Assoziations-Technik oder Geschichten Technik noch sicherer und individueller abspeichern zu können, das klappt! Probiere es einmal aus!

Lisa: *Oh, tatsächlich – diese 5-er Liste hat super funktioniert. Ich war sogar schon nach 20 Sekunden fertig – wow. Ich bin echt überrascht, dass das so gut klappt! Jetzt habe ich wirklich Lust auf mehr …*

Sehr schön, denn hier habe ich die **Übung 3** für dich:
Namen merken. Stell dir vor, du bist neu in einer Firma, bzw. in deiner alten Firma sind lauter neue Leute. Du möchtest diese Menschen so schnell wie möglich mit ihren Namen ansprechen können, korrekt?

Lisa: *Ja, das wäre toll – schließlich hört jeder gern seinen eigenen Namen und fühlt sich geschmeichelt, wenn andere diesen sogleich kennen.*

Genau. Daher versuch dir jetzt mal eine Eselsbrücke – ein Bild in deinem Kopf – zu bilden für den Namen: **Alfred Bruchmüller**.

Lisa: *Ok! Also Alfred kommt wie Fred vom Jupiter, also aus dem All. Da er schwere Müllersäcke trägt und sich dabei fast einen Bruch hebt, ist es Alfred Bruchmüller.*

Super! Und nun diesen: **Agnes Sudorski**.

Lisa: *Agnes ist ganz aggressiv, weil sie beim Sudoku Ski laufen will und dabei immer hinfällt. Ich stelle mir die Agnes mit hochrotem Gesicht und total wütend vor, weil sie vor ihrem Sudoku-Rätsel sitzt und nix auf die Reihe bekommt. Und das alles beim Skilaufen … Super – passt!*

Mensch, das ist ja total Klasse, Lisa. Du bist ein Naturtalent! Und man kann sehr schön sehen: Dein Gehirn liebt Bilder! Mit Bildern kannst du dir ALLES merken – auch die schwierigsten und abstrusesten Infos. Auch Fremdsprachen, Fremdwörter, Fachbegriffe und berufliches Fachwissen. Es klappt, wenn du dich darauf einlässt. Dies ist der

Schlüssel zu unendlichem Wissen, das wir im Kopf haben wollen, um es im richtigen Moment zu nutzen. Sei also originell, verrückt, humorvoll, fröhlich, übertrieben, bunt und absurd mit deinen Bildern und Geschichten – und schon bleibt's hängen. Du wirst außerdem merken: Es gibt keine Kapazitätsgrenzen für dein Gehirn – DU KANNST ALLES LERNEN!

Lisa: *Ok, bei diesen Infos geht's ja noch, aber bei Zahlen oder Formeln bin ich total aufgeschmissen … Die sagen mir einfach GAR NICHTS! Und da kann ich mir auch nix vorstellen.*

Stimmt. **Zahlen** sind weitaus schwieriger, zumindest für die meisten Personen.

Lisa: *Ja, eben! Ich merke immer wieder, dass ich früher bei Diskussionen mit Freunden oder im KollegInnenkreis in vielen Themenbereichen zwar einigermaßen Bescheid wusste, aber selten die passende Zahl parat hatte. Zum Beispiel: 52 % aller Start-ups verschwinden innerhalb eines Jahres. Oder: 38 % der Alleinerziehenden in Deutschland leben unter dem Existenzminimum.*

Ich habe mir immer gesagt: Naja, ich habe halt ein schlechtes Gedächtnis. Mittlerweile stört mich das immens, insbesondere in Diskussionen mit meinem Mann, der irgendwie JEDE Zahl der Zeitungsartikel parat hat …

Du kannst gegen dein schlechtes Zahlengedächtnis etwas unternehmen, zum Beispiel, indem du auch hier deine **bildliche Vorstellungskraft** einbeziehst. Auf diese Weise behältst du Zahlen, Prozente, mathematisch-naturwissenschaftliche Fakten in einem Gespräch oder Meeting zuverlässiger im Kopf und kannst sie überzeugend einsetzen. Schließlich willst du dich und deine Leistung in kommenden Gesprächen ja auch gut „verkaufen".

TOOL 14 BAUMMETHODE – GIB ZAHLEN EINE CHANCE!

Gregor Staub[11], ein Gedächtnistrainer aus der Schweiz, der auch viel in Deutschland unterwegs ist und insbesondere an Schulen, Universitäten und anderen Ausbildungsstätten über seine Techniken referiert, hat die **Baum-Methode** erfunden. Das Prinzip ist ganz einfach: Da ZAHLEN bei vielen Menschen keine besonderen Assoziationen auslösen, hat er kurzerhand die Zahlen durch entsprechende Symbole ersetzt, und zwar Symbole, die an die jeweilige Zahl erinnern.

Schau mal:

0 = RETTUNGSRING (FORM EINER NULL)

1 = BAUM (BAUMSTAMM GLEICHT EINER 1)

2 = LICHTSCHALTER (AN/AUS, NUR 2 MÖGLICHKEITEN)

3 = HOCKER (3 BEINE)

4 = AUTO (4 RÄDER)

5 = HAND (5 FINGER)

6 = WÜRFEL (6 SEITEN, EINE 6 WÜRFELN)

7 = ZWERG (DIE 7 ZWERGE)

11 Siehe Gregor Staub, *Mega Memory*, S. 32

8 = ACHTERBAHN

9 = KATZE
(9 LEBEN)

10 = BIBEL
(10 GEBOTE)

11 = FUßBALL
(11 SPIELER/INNEN, ELFMETER-SCHIEßEN)

12 = GESPENST
(ERSCHEINT UM 12 UHR NACHTS)

13 = FAHRSTUHL
(UNGLÜCKSZAHL, KEINE 13. ETAGE)

14 = HERZ
(14. FEBRUAR IST VALENTINSTAG)

15 = RITTER
(SPÄTES MITTELALTER, 15. JH.)

16 = TEENAGER
(MIT 16 JAHREN MITTENDRIN)

17 = KARTENSPIEL
(17 UND 4)

18 = FEIERABENDSTAU (OFT UM 18 UHR)

19 = ABENDBROT
(FÜR VIELE UM 19 UHR)

20 = TAGESSCHAU
(UM 20 UHR)

Lisa: *Und nun? Was soll ich jetzt mit den ganzen Bildern? Wozu dient das?*

Du kannst dir in Zukunft Zahlen, die dir immer wieder verloren gehen, zum Beispiel: Die Parkplatznummer im Parkhaus, Kontonummer, Hausnummer oder Zahlen in einem Text, mit Hilfe der oben angebotenen **Symbole** besser merken. Ein Beispiel zur Anschauung:

Stell dir vor, du kommst aus einem langen und erholsamen Urlaub zurück nach Hause, möchtest Geld für den ersten Wocheneinkauf abheben– und PENG: du kannst dich partout nicht mehr an deine PIN-Nummer erinnern! So etwas Blödes. Kennst du das? Wie kann man das verhindern?

Hier kommt die **Baum-Liste** zur Hilfe: Nehmen wir an, deine PIN-Nummer lautet 7491. Nun stelle dir die folgende Geschichte vor:
Ein kleiner Zwerg (7) fährt in seinem schicken Auto (4) auf der Straße und muss plötzlich scharf bremsen wegen einer Katze (9), die ihm vor den Wagen läuft. Die Katze springt auf, klettert auf den nächsten Baum (1) und ist gerettet!

Oder kurz: Zwerg – Auto – Katze – Baum. Alles so plastisch wie möglich, in sehr persönlichen, individuellen Bildern im Kopf vorstellen – fast schon wie einen Film, den du vor deinem inneren Auge ablaufen lässt.

Wenn du nun noch Farben und Gefühle hinzunimmst, wirst du deine PIN-Nummer nicht so schnell wieder vergessen. Denk an das limbische System, das Gefühle ja liebt:

Also ein kleiner, süßer **Zwerg** (7), mit roter Mütze prescht viel zu schnell unter lautem Quietschen in seinem neuen, schicken Porsche-**Auto** (4) auf einer sonnigen Landstraße entlang. Links und rechts rauschen Pappeln im Wind, die Sonne scheint, es ist ein herrlicher Frühsommertag und es duftet nach Wiesenblumen. Plötzlich läuft von rechts eine schwarze, riesengroße und hässliche **Katze** (9) auf die Straße und der Zwerg erwischt sie um Haaresbreite. Er bremst scharf und hupt wie verrückt, so dass die Katze sich mit beherztem Sprung auf einen **Baum** (1) am Wegesrand retten kann.

So ist das doch gleich viel plastischer, oder?

Lisa: *Naja, das scheint mir etwas weit hergeholt. Meine Synapsen sind irgendwie noch nicht richtig dabei …*

Sei nicht so ungeduldig, vielleicht hast du die Baum-Liste ja noch gar nicht verinnerlicht? Die muss ja wirklich gut sitzen. So gut, dass du ad hoc sagen kannst, welches Symbol für die 4 steht oder welche Zahl hinter dem Bild „Feierabendstau" steckt, zum Beispiel. Also in beide Richtungen, verstehst du? Vielleicht brauchst du einfach noch etwas Zeit zum Lernen und Einprägen der Zahlen und Symbole. Und das ist deine **Übung 4**: Lernen der Baum-Liste!

Lisa: *Du hast recht, ich werde mich jetzt erst einmal intensiv mit der Baum-Liste und den verschiedenen Symbolen befassen. Ich wiederhole die Zahlen jetzt so lange, bis sie mir in Fleisch und Blut übergegangen sind … und ich wie aus der Pistole geschossen mit der richtigen Zahl oder Symbol antworte, wenn du nachts um zwei anrufst und mich fragst …*

Ha, ha! Genau so meine ich das. Nimm dir bis zu unserer nächsten Coaching Session Zeit dafür und dann sehen wir weiter. Schauen wir uns zunächst die dritte – und letzte Mnemotechnik an.

TOOL 15 LOCI-TECHNIK

Das Prinzip der Loci-Technik funktioniert ganz einfach: Willst du dich an eine Reihe von Dingen, Aufgaben oder an Sachen **in einer bestimmten Reihenfolge oder Abfolge** erinnern, so brauchst du nichts anderes zu tun, als sie mit unveränderbar fixierten Objekten zu assoziieren, also zu verknüpfen. Auch hierfür brauchst du deine Fantasie.

TOOL 15

Sie wird auch das römische Raum-System genannt und basiert darauf, dass du in deinem **Haus oder deiner Wohnung** zunächst einmal einen Raum aussuchst, den du gut kennst. Zum Beispiel dein Schlafzimmer. In diesem Raum stellst du dir nun 10 markante Gegenstände vor. Einrichtungsgegenstände, sowie Möbel, Lampen oder Kunstwerke, die du im Uhrzeigersinn vor deinem inneren Auge abtastest. In meinem Schlafzimmer sieht das dann folgendermaßen aus:

1 TÜR
2 NACHTTISCH
3 BUCH
4 BETT
5 PFLANZE
6 FENSTER
7 LAMPE
8 SCHRANK
9 SCHNEIDERPUPPE
10 TEPPICH

Präzision und Ordnung sind in diesem System übrigens unabdingbar. Wenn du dich nicht an die genauen Standorte der Gegenstände hältst, geht es schief. So, Lisa, wie sieht denn nun deine **„Loci –Version“** aus?

Hier ist Platz für dich: Nutze wieder all deine Sinne, alle visuellen und haptischen Möglichkeiten und male deinen eigenen Raum hier auf:
Übung 5 Deine eigenen, persönlichen Raum-Gegenstände

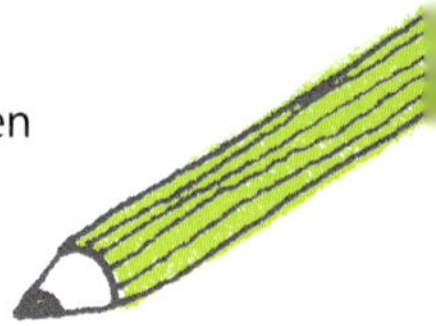

Sobald du deine 10 Dinge vor dir siehst und in der richtigen Reihenfolge im Kopf nacheinander „durchgehst“, hast du sozusagen 10 Briefkästen oder **Anker** geschaffen, in die du immer wieder neues Wissen hineinlegen kannst. Genial, oder? Wenn du dir mehr als 10 Dinge merken willst, kannst du einen weiteren Raum hinzunehmen und dann noch einen weiteren, bis du das ganze Haus oder die ganze Wohnung „besetzt“ hast.

Diese Anker sind übrigens unveränderbar. Du solltest dir nicht jede Woche etwas Neues ausdenken oder Dinge austauschen, das wäre zu kompliziert. Und an diese festen Anker kannst du nun fröhlich deine Liste oder Abfolge an Wissen hängen, das du dir aneignen willst. Etwa die 8 Planeten in unserem Sonnensystem, und zwar nach der jeweiligen Entfernung von der Sonne (**Übung 6**):

1. Merkur
2. Venus
3. Erde
4. Mars
5. Jupiter
6. Saturn
7. Uranus
8. Neptun

Neben dem schönen Merksatz, den du vielleicht noch aus deiner Schulzeit kennst und der dir schon mal die Anfangsbuchstaben der jeweiligen Planeten verrät, (**M**ein **V**ater **e**rklärt **m**ir **j**eden **S**amstag **u**nsere **N**aturgewalten), versuchen wir es nun mal mit der Loci-Methode:

An meiner **Tür** (1) hängen **Merk**zettel für meine Prüfung. Auf dem **Nachttisch** (2) habe ich mir einen Teller mit leckeren **Venus**muscheln bereitgestellt und das **Buch** (3) ist völlig mit **Erde** verschmiert. Unter meinem **Bett** (4) liegt eine Tüte mit leckeren **Mars**riegeln versteckt, sozusagen als Betthupferl. Und an der **Pflanze** (5) in der Ecke hängt „Fred vom **Jupiter**" und singt.
Wenn ich aus dem **Fenster** (6) schaue, sehe ich die hässliche Front vom **Saturn**-Markt und die Lampe (7) in meiner Ecke ist uralt, ein Familienerbstück meiner **Ur-Ahn**en.
In meinem **Kleiderschrank** (8) schließlich befindet sich ein riesiges Aquarium, **Neptuns** Reich.

Nun hast du alle 8 zusammen – und vor allem in der richtigen Reihenfolge, so dass du sie normalerweise sicher abrufen können müsstest. Was meinst du – klappt das auch bei dir? Probiere es JETZT mal aus!

Gibt es etwas, das du dir schon immer mal merken können wolltest? Und wo dir immer wieder etwas fehlt oder du die richtige Abfolge nicht zusammen bekommst?

Lisa: *Hmm, lass mich mal überlegen – ja, da fällt mir etwas ein: Zum Beispiel, wenn ich eine Präsentation halte oder eine Rede – wie kann ich mir die einzelnen Punkte merken, ohne durcheinanderzukommen? Ich bin oft so nervös, dass ich sogar fast meinen eigenen Namen vergesse …*

Ja, da habe ich eine super Übung, das probieren wir gleich mal aus: Hier hast du 10 Agendapunkte, über die du in dem Gespräch mit deinen zukünftigen SponsorInnen reden willst:

1. Begrüßung, Freude
2. Kurze Vorstellung
3. Nennen der Geschäftsidee (2-3 Sätze!)
4. Nutzen für die Gesellschaft
5. Standort
6. Umfang und Größe des Start-ups
7. Benötigtes Kapital
8. Bitte um Unterstützung
9. Bedanken und Verabschiedung

So, nun versuche die einzelnen Punkte einfach mal an deine Gegenstände zu heften und irgendwie mit ihnen in Verbindung zu bringen – los geht's!

1. An meiner Tür (1) steht ein schönes „**Herzlich Willkommen**"-Schild. Darüber freue ich mich jeden Tag.
2. Ein dicker Stapel **Visitenkarten** mit meinem Namen darauf liegt auf dem Nachttisch (2).
3. Das Buch (3), das ich gerade lese, brennt lichterloh und hat den Titel: „**Heiße Geschäftsideen** für 2018!"
4. Mein Bett (4) hat einen großen Nutzen, da ich oft eine ganze **Gesellschaft** netter Menschen dort unterbringe.
5. Der **Standort** der Pflanze (5) neben dem Bett in der Ecke meines Zimmers ist ideal, da sehr hell.

6. Ich habe das **größte** Fenster (6) des ganzen Hauses: es geht über die komplette Wand.
7. Die Lampe (7) ist aus Gold und sehr teuer – irgendwie **kapitalistisch**.
8. Der Schrank (8) muss von der Wand geschoben werden – dafür brauche ich starke **Unterstützung**.
9. Die Schneiderpuppe (9) hat ein Lebkuchenherz umgehängt, darauf steht „**Danke schön & Tschüss**!"

So, was meinst du, Lisa, – ist das nachvollziehbar? Ich weiß, die ersten Schritte sind immer etwas mühsam, doch du wirst sehen: Sobald dir die 10 „Briefkästen" in deinem Zimmer in Fleisch und Blut übergegangen sind, wirst du begeistert von dieser Gedächtnisstütze sein!

Überleg nochmal: Was weißt du noch von den Planeten? Und wie hieß die Hauptstadt von Mazedonien?

Lisa: *Wow, das ist ja ganz erstaunlich – ich weiß noch alles, was ich gelernt habe. Ich bin echt platt! Mnemotechniken sind super! Ich bin hochmotiviert, jetzt gleich die wichtigsten Daten, Zahlen und Fakten zum Thema „Start-ups im Fastfoodbereich" zu recherchieren und mir zu merken! Übermorgen habe ich auch eine Netzwerkveranstaltung – da könnte ich schon mal der einen oder anderen Teilnehmerin davon berichten, was meinst du?*

Sicher! Ich freue mich darüber, dass du in unserer Gedächtnis-Session gezielt deine Merkleistung steigern konntest und jetzt vor allem weißt, was du in Zukunft konkret dafür tun kannst. Übrigens hast du sicher schon bemerkt: Die Merktechniken sind nicht nur für Frauen in deiner Situation nützlich. Du könntest sie auch deinen Kindern oder deinen Eltern ans Herz legen. Es lohnt sich!

Relax, relax – Entspannung und Meditation wirken Wunder

Kommen wir nun zum gemütlichen Teil: Zur Entspannung. Meine Frage an dich: Hast du schon mal meditiert? Oder autogenes Training gemacht? Oder andere Entspannungstechniken gelernt?

Regelmäßiges Meditieren hat nämlich eine sehr, sehr positive Wirkung auf dein Gehirn. Wie wichtig das Entspannen des Geistes ist, zeigen die Ergebnisse aktueller neurowissenschaftlicher Forschungen: In unterschiedlichen Studien konnte nachgewiesen werden, dass Meditation bestimmte Gehirnfunktionen und -strukturen nicht nur kurzzeitig, sondern möglicherweise langfristig verändern kann. Nach einer Harvard-Studie sorgt regelmäßiges Meditieren dafür, dass Menschen mit Stress und Alltagshektik besser fertig werden. Denn Meditation reduziert Stress. So schrumpft etwa der Mandelkern (Amygdala) durch regelmäßiges Meditieren – und das bedeutet, unser Angstzentrum schrumpft, wir werden also ruhiger und entspannter. Der Hippocampus hingegen wächst unter Meditation. Er ist in unserem Gehirn der verantwortliche Bereich für Gedächtnisfunktionen wie das Abspeichern und Abrufen von Gelerntem.[12]

Meditation kann folglich unsere Aufmerksamkeitsspanne erhöhen und unsere Konzentration verbessern – worauf also noch warten? Schon 10 Minuten täglich bringen enorme positive Effekte. Die Herausforderung wird jetzt wahrscheinlich für dich sein, einen ruhigen Ort UND vor allem eine ungestörte Zeit in deinem vollen Tagesablauf zu finden …

12 Siehe etwa Süddeutsche Zeitung, 8. Februar 2015.

Das kenne ich nur zu gut – und scheitere regelmäßig daran. Ich bin nun schon so weit, dass ich mir vornehme, zumindest drei Mal pro Woche zu meditieren. Auch das klappt nicht immer. Dennoch: Ich merke, es tut mir und meinem Allgemeinzustand unwahrscheinlich gut.

Meine eigene Meditationszeit liegt übrigens sehr früh am Morgen, also v o r dem Aufstehen. Bevor alle anderen Hausbewohner erwachen und es unruhig im Hause wird, versuche ich, 15 bis 20 Minuten meditativ zu entspannen, und zwar meist mit einer Meditations-CD, mit entspannender Musik im Hintergrund, zeitweise auch mit Anleitung.[13]

Schon nach kurzer Zeit merke ich eine deutliche Verbesserung meiner Konzentration. Ich gewinne eine insgesamt viel entspanntere Haltung in Alltagssituationen und freue mich über eine größere Denkkapazität, die mir ein fokussiertes Arbeiten ermöglicht.

Versuch es mal! Leg dich hin, achte auf deinen Atem und lass alle störenden Gedanken einfach an dir vorbeiziehen. Kauf dir ein schönes Meditationsbuch oder eine CD – du wirst nach einiger Zeit die positiven Auswirkungen auf dein Gehirn bemerken.

13 Meine persönliche Lieblingsmeditation: Dr. Hillari Hamilton, Masterpiece Meditations, 2015. Sehr guter Einstieg auch: Marie Mannschatz, MEDITATION (mit Audio-CD): Mehr Klarheit und innere Ruhe. Siehe auch Thich Nhat Hanh, Das Wunder der Achtsamkeit.

TOOL-BOX

13 Mit ***Bildern, Geschichten, Assoziationen*** sperrige Infos merken.

14 Die ***Baum-Methode:*** so bleiben Zahlen im Kopf.

15 Mit der ***Loci-Technik*** kann du dir Reihenfolgen und Abläufe sicher merken.

Und für die Seele:
Entspannung durch ***Meditation***

STEP 6: MACH EINEN GUTEN EINDRUCK!

TOOL 16

GUTE RHETORIK = GELUNGENER AUFTRITT

TOOL 17

NETWORKEN & KUNGELN – BRING DICH INS SPIEL!

TOOL 18

VERHANDELN WIE EIN PROFI

TOOL 16 GUTE RHETORIK = GELUNGENER AUFTRITT!

Startklar!

Du hast nun Klarheit darüber, wer du bist, was du kannst, was du willst und was genau für dich **Karriere** in der nahen Zukunft bedeutet. Dies hast du selbst entschieden und durch unsere vergangenen Coachingsessions erfolgreich herausgearbeitet. In deinem Fall, Lisa, heißt das: Gesundes Bio-Fastfood herstellen und vertreiben, vor allem über einen Liefer- und Abholservice, sowie in einem eigenen Laden.

Du bist also bereit: Der große Schritt nach draußen steht nun an. Du bist gestärkt, du bist gewappnet, du hast Selbstbewusstsein und Klarheit gewonnen. Nun marschierst du los, trittst in die Welt hinaus, triffst auf neue Leute, die vielleicht wichtig für dich und dein Vorhaben sind. Die Frage ist also: Wie geht es jetzt weiter zu der Umsetzung deiner Ideen und deiner Vorhaben? **Wie präsentierst du dich und deine Idee am besten?**

Nicht aufgeben, nicht unterkriegen lassen, JA sagen!

Ich möchte dir dabei helfen, dein Selbstvertrauen zu stärken, um auf die Menschen zugehen zu können, die dir auf deinem Weg in die Selbstständigkeit helfen könnten. Und dich aber auch auf unangenehme Situationen oder gar Ablehnung vorbereiten. Viele der Menschen, die du treffen wirst, sind sehr busy, sie haben kaum Zeit, möchten vor allem SCHNELL mit dir sprechen und sind innerlich vielleicht schon wieder mit ganz anderen Themen beschäftigt.

Vielleicht wirst du nicht immer auf die gleiche Offenheit und Begeisterung treffen, die du selber ausstrahlst. Sich hin und wieder eine Abfuhr einzuhandeln ist völlig normal! Und du wirst dich dadurch nicht aus der Bahn werfen lassen –

versprochen? Damit umgehen können – das ist an dieser Stelle das Allerwichtigste. Nicht unterkriegen lassen, nicht entmutigt sein, keine negative Energie aufnehmen und schon gar nicht deine Träume begraben. Auf dem Weg zum Erfolg muss frau auch einstecken können – ganz nach dem Motto:

„HINFALLEN, AUFSTEHEN, KRONE RICHTEN, WEITERGEHEN!"

Sandra Klengler

Frau von der Leyen hat auf einem Kongress, den ich im letzten Jahr besucht habe, ein wenig aus dem Nähkästchen geplaudert und dem überwiegend weiblichen Publikum verraten, dass sie sehr oft in ihrem beruflichen und politischen Leben einen Trick angewandt hat: Auf herausfordernde Aufgaben, die sie sich eigentlich gar nicht zutraute, sagte sie grundsätzlich: „JA, mache ich.", um erst hinterher darüber nachzudenken, was das eigentlich im Einzelnen für sie bedeutet. Sie hat alle ihr angetragenen Aufgaben bravourös gemeistert. Sie ist also genau richtig mit ihren inneren Zweifeln umgegangen: Sie hat sie einfach ignoriert. Und sich darauf verlassen, dass das mit dem richtigen Know-how, Disziplin und einem gesunden Selbstvertrauen schon alles klappen wird.

Ich selber hatte ebenfalls einige dieser Situationen in meinem Leben: Es kamen immer wieder Anfragen, die ich ‚unmöglich schaffen konnte', (da *noch nicht gut genug ausgebildet, zu kleine Kinder, nicht mein Themenspektrum, zu hohe Anforderung,* etc.) Ich habe, häufig g e g e n meine intuitive Reaktion, den entsprechenden Auftrag erst einmal angenommen und mich in das Abenteuer hineingestürzt. Und siehe da – alles hat wunderbar funktioniert. Ich habe nicht ein einziges Mal hinterher gedacht: *Ok, das war jetzt eine Nummer zu groß für dich, Schätzchen – sei mal ein bisschen vorsichtiger in deiner Auswahl, du hast dich voll blamiert!*

Im Gegenteil – Herausforderungen stärken mich und machen mich stolz. Einmal mehr wird klar: Deine Glaubenssätze und inneren Einstellung spielen eine entscheidende Rolle bei deinen Entscheidungen.

Sag nicht sofort: *„Nein, das kann ich nicht.", „Nein, dafür brauche ich noch eine zusätzliche Ausbildung.", „Nein, so weit bin ich in meiner Laufbahn nicht...", etc. Sondern sage: „Ja, klar – das mache ich!"* und fang einfach an. Je mehr Berufserfahrung zu sammelst, je mehr du ausprobierst und tatsächlich TUST, umso mehr lernst du. Und bekommst Selbstsicherheit, aufgrund all der Erfahrungen, die du dabei machst.

Und wenn du scheiterst? Auch das gehört dazu, um wirklich erfolgreich zu sein. Schließlich sind Misserfolge wichtige Lernerfahrungen – du lernst vor allem, deine eigenen ‚Überlebensstrategien' weiterzuentwickeln.

NUR DIEJENIGEN, DIE SICH TRAUEN, IN GROßEM STIL ZU SCHEITERN, KÖNNEN AUCH IN GROßEM STIL ERFOLG HABEN. *John F. Kennedy*

Die Verpackung – Bescheidenheit ade!

Zunächst einmal kommt es darauf an, deine Message, also das, was du verkaufen willst, gut zu verpacken. Schließlich nützt es dir wenig, wenn du zwar weißt, dass das, was du machen willst oder was du vermarkten willst, gut ist – es muss auch gut rüberkommen. Professionell aussehen, überzeugend klingen, das ist – zumindest jetzt in dieser Phase – das A und O. Wie sonst willst du dich von all den anderen Frauen mit guten Ideen, den tollen Angeboten, den umwerfenden Talenten, abheben? Und da DU diejenige bist, die später deine Produkte und Services an die Frau und an den Mann bringen will, lass uns nun an DEINEM Außenauftritt arbeiten.

Viele Frauen leben und arbeiten heute noch nach dem Motto: *„Bescheidenheit ist eine Zier…“* und stellen ihre Talente und ihr Können oft in den Schatten. Erinnerst du dich noch an diese wunderbaren Poesiealbum-Sprüche, die ich tatsächlich in meinem eigenen Album wiedergefunden habe:

Edel sei der Mensch,
hilfreich
und gut.

Sei, wie ein Veilchen
im Moose
bescheiden, sittsam und rein.
und nicht wie die stolze Rose,
die immer bewundert will sein.

Dem Neide, wirst Du entgehen,
wenn Du verstehst,
Dich im Stillen zu freuen.

Sei höflich und bescheiden,
tu immer Deine Pflicht.
So mag Dich jeder leiden
und Gott verläßt Dich nicht!

Noch irgendwelche Fragen?

Sprüche wie diese hätte man sicherlich keinem deiner männlichen Klassenkameraden ins Poesiealbum geschrieben, so er denn eines gehabt hätte, oder? Forschungen beweisen, dass Jungs nach wie vor eher dazu aufgefordert werden, Herausforderungen anzunehmen, Mut zu beweisen, sich auf Risiken einzulassen: „Los, klettere noch ein bisschen höher, das schaffst du schon!"

Mädchen hingegen werden offenbar öfter mit einem sorgenvollen Unterton angesprochen und tendenziell eher zu **Vorsicht und Zurückhaltung** erzogen. Lieber bescheiden und leise sein, sich nicht in den Vordergrund drängen – und vor allem VORSICHT in gefährlichen Situationen! „Pass bloß auf, du fällst noch herunter! Lass das mal lieber, du schaffst es nicht!"

Frauen haben dementsprechend sehr viel häufiger Selbstzweifel und trauen sich weniger zu, obwohl sie unter dem Strich häufig die deutlich besseren Ergebnisse erreichen. Immer wieder stoße ich in meinen Coachings und Workshops auf dieses Phänomen – es macht auch vor den ganz großen Frauen der Politik, der Kunst und der Wirtschaft nicht Halt.[14]

Mein Appell hier: Zeige Präsenz, zeige Wirkung, nimm all deinen Mut zusammen und beweise Eigeninitiative – und vor allem: Glaube an dich! Deine positive Einstellung wird entscheidend sein für deinen erfolgreichen Wiedereinstieg.

14 In The Confidence Code von Katty Kay & Claire Shipman (2014) heißt es etwa: „Even when we are senators or CEOs or top performers of some sort, we don't recognize ourselves and our triumphs in the mirror.", S. 17.

Nichts dem Zufall überlassen!

„DIE SACHE, DIE FRAUEN NOCH LERNEN MÜSSEN: NIEMAND GIBT DIR ERFOLG UND MACHT. DU MUSST SIE DIR NEHMEN."

Roseanne Barr, Schauspielerin

Lisa, wie war das früher in deinem Job? Warst du auch eine derjenigen Frauen, die still und emsig vor sich hinarbeiten, immer alles ein wenig besser machen als erwartet und nur schwer nein sagen können, wenn jemand zusätzliche Arbeit auf den Schreibtisch knallt? Die dann enttäuscht sind, wenn keine Gehaltserhöhung kommt und die nächste Beförderung wieder an ihnen vorbeizieht – und zwar an einen MANN?

In der heutigen Zeit muss frau mehr denn je darauf hinweisen, was sie kann und was sie will. Keine Führungskraft beobachtet dich still und leise und teilt dir dann eines Tages freudestrahlend mit, dass du soeben zur Teamleiterin mit einer Gehaltserhöhung von 10 % gemacht worden bist.

Nein, dafür musst du schon selber sorgen. Mach auf dich und dein Können aufmerksam, erzähle von deinen Erfolgen und deinen Plänen – SEI SICHTBAR!

Gute Rhetorik

Hierbei sind gute Argumente eine wichtige Voraussetzung. Um fest aufzutreten, um dich aktiv und selbstsicher in Gesprächen und Meetings zu beteiligen vergiss bitte nicht, deinen Redebeitrag, sowie deine Argumente gut, logisch und vor allem nachvollziehbar zu strukturieren.

Friedemann Schulz-von-Thun hat in diesem Zusammenhang das sogenannte **„Hamburger Verständlichkeitsmodell"** kreiert und vier Faktoren herauskristallisiert, die einen Text oder eine Aussage besonders verständlich machen:

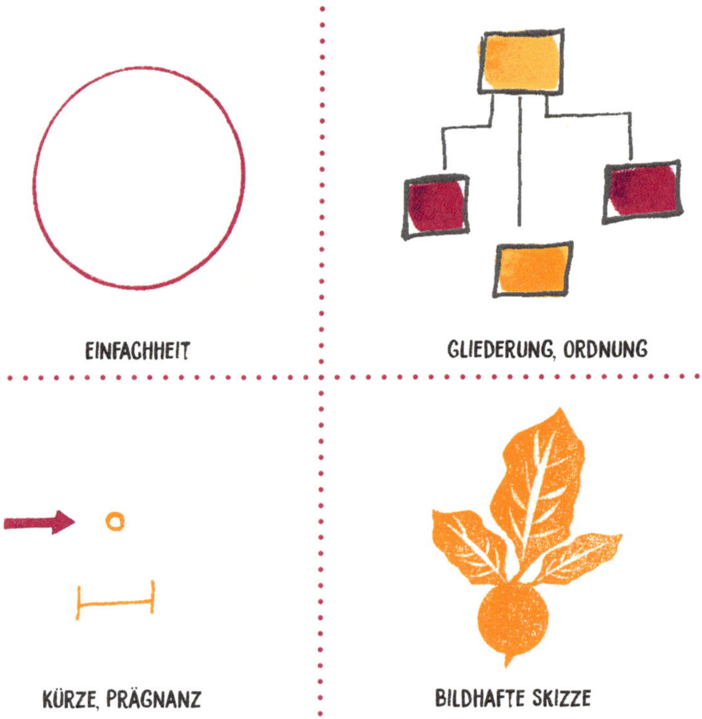

1. Einfachheit (kurze Sätze, bekannter Wortschatz, Fachtermini und Fremdwörter sparsam verwenden bzw. erklären)
2. Kürze/Prägnanz (auf das Wesentliche beschränken, zielorientiert, ohne Abschweifungen)
3. Gliederung/Ordnung (Roter Faden, logischer Aufbau, gelegentlich zusammenfassen)
4. Bildhafte Zusätze (Beispiele, Bilder, anschaulich & konkret)[15]

Denke außerdem immer an die **KISS-Formel**, vor allem, falls du dazu tendierst, manchmal um den heißen Brei herumzureden, nicht auf den Punkt zu kommen und in aufregenden Situationen schon mal länger auszuschweifen: **K**eep **I**t **S**hort and **S**imple! Werde nicht weitschweifig und konfus, sondern denke immer an dein Ziel und den Zweck deines Redebeitrags. Versuche, den roten Faden nie zu verlieren. Dein Gegenüber könnte – gerade in unseren Zeiten der Informationsüberflut und leichten Ablenkung – abschalten und dir nicht mehr zuhören.

Kurz und knackig deine Argumente vortragen, deine Vorstellung formulieren und das Ganze mit klarem, offenem Blick und gerader Haltung – so wünsche ich es mir, Lisa.

Und noch ein paar praktische Tipps:
Nutze rhetorische Mittel wie das Namedropping (*Schon Freud sagte…*), und hin und wieder auch mal Floskeln und Sprüche (*Es ist eine klare Tatsache, dass…, Jeder weiß doch, dass…*), sprich außerdem laut und deutlich und lass dich auf

15 Friedemann Schulz von Thun, Miteinander reden, Band I, S. 144

keinen Fall unterbrechen! Falls dir einer deiner Gesprächspartner das Wort abschneidet, hol es dir unmittelbar wieder zurück, auch gern mit scharfen Worten: „Lassen Sie mich das bitte zu Ende ausführen – vielen Dank."

Bestimmt und positiv formulieren

Sicher reden zu können, diese Gabe fällt gewiss nicht einfach vom Himmel. Wenn du den Wunsch hast, dich in diesem Bereich zu verbessern und dich zu verändern, so solltest du außerdem auf Folgendes achten:

Mach dich nicht klein. Dazu gehört auch die **richtige Sprache**: durch Worte wie: *„ein wenig", „kurz mal", „ein bisschen" „nur", „bloß", „etwas"*, etc. machst du dich und deine Aussagen klein.

Das bedeutet, dass du dir deine eigene Sprache einmal genauer anschaust und dich immer wieder verbesserst, sobald ein solcher „Weichmacher" sich einschleicht: Wie oft habe ich von Mitarbeiterinnen oder Coachees Sätze gehört wie:

DAS KANN ICH IHNEN LEIDER NICHT SAGEN ...

ICH ARBEITE ABER NUR IN TEILZEIT.

ICH HABE DOCH NUR EINEN HALBTAGSJOB.

ICH BIN NUR MO UND DO IM HAUS – ALSO LEIDER NICHT VOLLZEIT ERREICHBAR.

FRAU MAUS IST LEIDER SCHON WEG – DIE ARBEITET JA NUR IN TEILZEIT.

IN MEINEM KLEINEN VORTRAG VERSUCHE ICH IHNEN EIN BISSCHEN NÄHER ZU BRINGEN, WAS ...

Nein, du reduzierst dich und andere mit dieser (unbewussten) Wortwahl erheblich und deine Wirkung fällt total in den Keller. Du kannst deine Sprache verändern – und nachweislich änderst du dadurch auch dein Denken:

Jeden Montag und Donnerstag bin ich im Hause und unterstütze Sie gern darin, Ihre Geschäfte zu erledigen …
Frau Maus ist an den folgenden Tagen für Sie im Einsatz: …
Zurzeit teile ich mir diese Aufgabe mit Frau Meier – zusammen sind wir sicher mehr als 100 % für Sie da.
Ich bin immer montags und donnerstags von 8 bis 17 Uhr für Sie da. An den übrigen Tagen hilft Ihnen gern mein Kollege, Herr …
In den kommenden 20 Minuten werden Sie erfahren, wie …

Versuche Verallgemeinerungen und Füllwörter sehr, sehr sparsam einzusetzen; Worte wie

ICH GLAUBE …,
KÖNNTE ES NICHT AUCH SEIN, DASS …?
EIGENTLICH,
VIELLEICHT, EVENTUELL,
SOLLTEN WIR VIELLEICHT …? HÄTTE GERN,
KÖNNTE,
IRGENDWIE,
EIN BISSCHEN, ETC.

drücken Unsicherheit und Unentschlossenheit aus. Willst du hingegen selbstsicher und überzeugend rüberkommen, so nutzt du konsequent und bewusst positive Formulierungen, wie:

SICHER, GENAU,
BESTIMMT, AUF JEDEN FALL,
UNBEDINGT,
JA, NATÜRLICH, ETC.

Höflichkeit ist schön und gut, eine gute Erziehung ebenso, aber übertreibe nicht damit!

BESCHEIDENHEIT IST EINE ZIER, DOCH WEITER KOMM ICH OHNE IHR!

Wilhelm Busch

Bescheidenheit ist hier nicht angesagt. Erinnere dich: deine Sprache verrät dein Denken und du kannst durch die richtige, selbstbewusste, bestimmte und überzeugende Sprache dich selbst, wie auch dein Gegenüber überzeugen.

Rhetorik heißt nicht von ungefähr, „die Kunst der Überzeugung". Genau deswegen brauchst du sie jetzt. Außer dir selbst weiß niemand, was du sagen willst. Daher wähle deine Worte, deine Gestik und Mimik bewusst aus – und ÜBE sie vor dem Spiegel. Insbesondere Argumente, Daten, Fakten zu deinem Projekt sollten wie aus der Pistole geschossen kommen. Alles Zögern und Zaudern sind hier Gift für deinen erfolgreichen Gesprächsaufbau. Achte auf deine professionelle Wirkung.

TOOL 17 NETWORKEN & KUNGELN – BRING DICH INS SPIEL, SEI PRÄSENT!

TOOL 17

Network – da denkst du sicher zunächst an Facebook, Xing, LinkedIn, Twitter oder Instagram. Diese Möglichkeiten des social networkings können immens wichtig für dich sein. Es kommt auf deine Pläne und die Branche an, in der du unterwegs bist.

Ich habe tatsächlich einen Trainerkollegen, der konsequent darauf verzichtet, Visitenkarten zu haben, ein Facebookprofil einzurichten, über Xing in den einschlägigen Gruppen präsent zu sein. LinkedIn kennt er noch nicht mal vom Namen. Und er ist erfolgreich in seinem Arbeitsbereich unterwegs!

Der Normalfall heutzutage ist aber wohl eher, dass man zumindest mit dem Überreichen seiner Visitenkarte dem Gegenüber die Möglichkeit bietet, sich anschließend im Netz einmal in Ruhe darüber zu informieren, wer du eigentlich bist, was du anbietest und wie du dich präsentierst. Soziale Netzwerke dienen also zum einen dem Austausch von Infos und Wissen; sie sind eine sehr populäre Plattform der Selbstdarstellung, und zum anderen helfen sie, wertvolle Kontakte aufzubauen, zu pflegen und damit die eigene Karriere voranzutreiben.

Überlege dir also genau, wie und wo du dich mit deinem Profil im Netz zeigst. Falls du hierbei unsicher bist: Nimm dir eine Beratung oder ein Coaching.

Gönn dir auch hier eine versierte Unterstützung, zumindest für den Anfang. Denn die Fehler im Netz sind weithin sichtbar.

Ansonsten konzentriere dich auf die wirkliche Welt. Die kannst du ebenfalls gut steuern und durch deine werte Anwesenheit bereichern. Zeig dich, geh in Frauennetzwerke[16] und andere Business-Communities: Es lohnt sich, denn hier findest du ZuhörerInnen und InteressentInnen und erfährst, wo du deine Dienste und deine Angebote am schlausten unterbringen könntest. Frauen erscheint es zuweilen ein wenig überflüssig, sich auf Kongressen, Netzwerk-

16 Im Anhang findest du eine umfangreiche Liste gängiger Frauennetzwerke in Deutschland und international.

veranstaltungen oder bei Verbandstagungen zu zeigen. Sie sehen meiner Erfahrung nach die wirkliche Arbeit eher am Schreibtisch oder in einem Meeting. Wenn du aber mit einer neuen Idee in die Welt hinausgehen willst, soll jeder davon erfahren – und das geht nach wie vor am besten über **persönliche Kontakte**.

Ich weiß, ich weiß – diese Vetternwirtschaft und dieses Geklüngel lehnst du generell ab. Du willst durch ehrliche, gute Arbeit deine Kundschaft gewinnen und dir einen Namen machen.

Das ist sehr ehrenvoll, bringt dich aber nicht weiter. Tu Gutes und sprich darüber – das ist hier das Motto. Menschen, die über das grausame Essen, das man im Vorbeigehen bekommt, meckern, kannst gerade du, Lisa, doch sofort verklickern, welche sensationellen Speisen DU vertreibst. Das finden alle interessant, ich schwöre es dir! Denn essen muss ja nun mal jeder hin und wieder. Vielleicht wollen diese Menschen sofort eine Kostprobe davon haben – hierfür hast du natürlich vorgesorgt und hast immer einen Flyer dabei. Beteilige dich beim Netzwerken und gehe um 18 Uhr mit zur gemütlichen Cocktailrunde, ganz nach dem Motto:

„LIEBER DIE LETZTE AN DER BAR ALS DIE ERSTE IM BÜRO!“[17]

Genau dann nämlich beginnen die interessanten Gespräche, hier ergeben sich oft persönliche Kontakte und Plaudereien – alles Situationen, die für deine berufliche Zukunft sehr wertvoll sein können. Meiner Erfahrung nach versäumen

17 Barbara Schneider, Fleißige Frauen arbeiten, schlaue steigen auf, S. 244.

Frauen oft dieses Vernetzen in lockerer, ungezwungener Atmosphäre, sei es beim Businesslunch oder einer inoffiziellen Feier nach dem offiziellen Teil einer Veranstaltung, weil sie es einfach nicht wichtig finden und lieber schnell nach Hause zu den Kindern wollen, obwohl jene zufrieden mit ihrem Vater, dem Babysitter oder den älteren Geschwistern toben.

Glaube mir, Lisa: Frauen unterschätzen diese Situationen, nehmen das Gespräch beim Sektempfang oder den Cocktail an der Hotelbar nach einem Kongress manchmal nicht ernst genug. Laut Umfragen entsteht ein großer Prozentsatz aller Geschäfte eben NICHT am Schreibtisch, in einem Meeting oder am Telefon. Sondern im Restaurant, bei einer Feier oder auf dem Golfplatz!

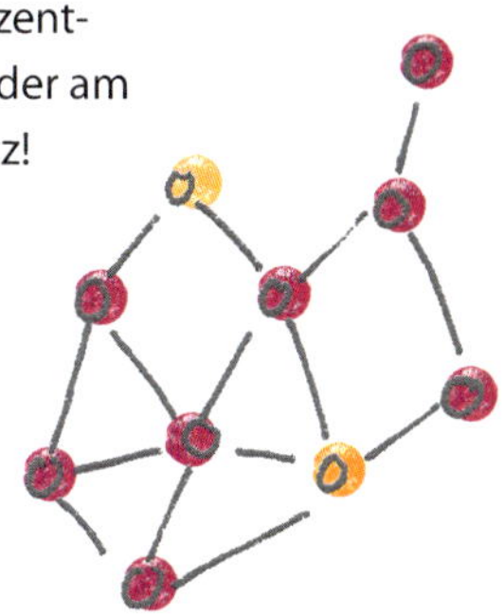

Beim Netzwerken geht es um die persönliche Sichtbarkeit und die kannst du viel besser beeinflussen, wenn du gut vorbereitet, heiter, direkt und ungezwungen mit Leuten in Kontakt kommst. Hier kannst du durch deine Persönlichkeit, dein Fachwissen und im besten Falle mit Humor und Schlagfertigkeit, jeden überzeugen!

Ein gutes Beziehungsmanagement ist die halbe Miete!
Meine Idee an dieser Stelle: Bevor du zur Sache kommst, versuche, den Kontakt herzustellen und die Beziehung zu deinem Gesprächspartner/Gesprächspartnerin aufzubauen. Das heißt, frage nach Privatem, höre gut zu, stürze dich in Smalltalk, interessiere dich für deinen Partner/in und nutze so oft wie möglich seinen oder ihren Namen. Erst wenn der Kontakt stimmt, kommst du auf dein Produkt zu sprechen. Und bei deiner Vorstellung solltest du dir Wirkung gönnen: Also laut, erhobenen Hauptes und mit klaren, positiven Worten stellst du dich vor. Etwa so:

*Guten Tag, **ich heiße** Lisa Kunz, **schön**, Sie zu treffen!*
*Ich bin dabei, ein eigenes Start- up- Unternehmen zu gründen und sorge dafür, dass die Menschen auch auf die Schnelle etwas Gesundes essen können. Mein Markenkern hierbei ist: ressourcenschonende Herstellung, biologischer Anbau, gesunde Zutaten und umweltfreundliche Verpackung! Also kurz gesagt: Fast Food ohne schlechtes Gewissen! Ich bin hier, um auch SIE als Unterstützer für mein neues Unternehmen zu überzeugen, dass **gesundes Bio-Fastfood** gute Sponsoren gebrauchen kann und verdient hat!*

Oder so:
Hallo, mein Name ist Lisa und ich möchte Ihnen eine Frage stellen: Was meinen Sie, wie viele Menschen Fastfood eigentlich lieben, es aber nicht kaufen, weil sie meinen, dies sei ungesund und umweltschädlich? Raten Sie mal!

Es sind 43 %! Diese Menschen möchte ich mit meinem Konzept „Healthy Burger" erreichen und sie zu leckerem UND gesundem Fastfood verführen."

Die Menschen möchten immer gern etwas zum Festhalten haben, etwas, das sie in der Hand halten und jedem zeigen können, der sich für die Idee interessiert. Drücke daher deinem Gesprächspartner einen schönen Flyer in die Hand, auf dem alles Wichtige gut und professionell aufgemacht ist. Sorge dafür, dass es mit all deinen wichtigen Daten, Zahlen und Fakten – und vor allem schönen Bildern versehen ist.

TOOL 18 VERHANDELN WIE EIN PROFI!

FRAUEN SOLLTEN SICH MEHR UM IHR GEHALT ALS UM IHR GEWICHT KÜMMERN. *Anonym*

Wenn du etwas anbietest hat dies einen bestimmten Wert. Es ist kein Gefallen für jemanden, keine Gefälligkeit, sondern ein Handel und ein Geschäft.

Das Allerwichtigste hierbei ist: Verkauf dich nicht unter Wert und Preis! Auch hier steht uns unsere Bescheidenheit oft im Wege. Je mehr wir zur Bescheidenheit erzogen wurden, desto schwerer fällt es uns, einen angemessenen Preis für unsere Leistungen und Produkte zu verlangen.

Ist es wichtig, zu Beginn der Verhandlung oder des Akquisegesprächs eine angenehme Gesprächsatmosphäre zu schaffen und die Beziehung zum Verhandlungspartner oder zur Verhandlungspartnerin in den Mittelpunkt zu stellen? Diplomatie walten zu lassen und in Frieden und Harmonie miteinander auf Augenhöhe zu kommunizieren? Oder ist das nur unser Frauentraum in solchen Situationen?

Männer ticken hier oft ganz anders: für sie gilt in erster Linie, ihr monetäres Ziel zu erreichen. Sie fordern selbstbewusst und bestimmt die Summe oder die Prozentzahl, die sie erreichen wollen – und jegliche Beziehungsarbeit ist ihnen dabei egal. Härte, Machtbewusstsein und ein eigensinniges Verharren auf den immer gleichen Argumenten ist oft typisch – und lässt Männer (leider) auch häufig besser aus Verhandlungen herauskommen.

Diese kleinen, aber feinen Unterschiede im Verhandlungsverhalten und im Kommunikationsverhalten allgemein, sollten uns nicht beirren. Schließlich sind wir intelligent genug, unsere **Stärken** im positiven Sinne zu nutzen, das heißt, unsere Beziehungsorientierung, Kooperationsbereitschaft und Freundlichkeit in die jeweiligen Verhandlungen gewinnbringend einzusetzen. Oder etwa nicht?

Gleichzeitig klauen wir uns eine Prise Frechheit, gepaart mit einem sehr klaren Ziel und viel, viel Selbstbewusstsein, sowie Bestimmtheit im Auftreten – das haben wir ja schon ausführlich geübt (siehe Tool 16).

Überlege dir im Vorfeld genau, was du erreichen und wie weit du dich auf Kompromisse einlassen willst. Du wirst sehen: Je bestimmter du auftrittst, umso überzeugender wirst du in deinen Forderungen sein. Vor allem kann dich nichts so schnell verunsichern. Manipulationen oder unfaire Tricks kannst du besser aus dem Weg räumen und es gelingt dir, gelassen zu kontern.

Und übrigens: Bestimmt auftreten heißt NICHT, unfreundlich oder barsch zu sein. Im Gegenteil! Lass deinen Charme spielen, sei freundlich und mach ruhig mal ein Kompliment oder zeige Anerkennung. Gegen ein bisschen Lob oder ein ernst gemeintes Kompliment hat dein Kommunikationspartner sicher nichts einzuwenden. Ganz nach dem Motto: Hart in der Sache, weich und freundlich im Ton.

Vorbereitung, Vorbereitung, Vorbereitung
Wie bei jedem Gespräch, das möglicherweise Konfliktpotential beinhaltet, solltest du dich auch auf das Eintreiben von Geldzuwendungen (Fördergelder, Sponsorenzuwendungen, Crowdfunding…) wie auch auf die Verhandlung deines Gehalts gründlich vorbereiten. Und zwar sowohl in deinen inneren Überzeugungen (weil du bzw. dein Projekt es wert sind), als auch in möglichst schlagkräftigen Argumenten, die dein Gegenüber überzeugen sollen.

Auch hier gilt: Mach dich nicht klein, halt nicht still und lass dich bei der ersten ablehnenden Reaktion deines Verhandlungspartners nicht dazu verleiten, gleich aufzugeben! Versuche dich auf Augenhöhe zu positionieren, dich clever und selbstbewusst zu präsentieren, das heißt, auf Weichmacher zu verzichten und genau Bescheid zu wissen, welches Gehalt branchenüblich ist.

So wie du es auf den Märkten in deinem Urlaub beobachten kannst, solltest du es auch hier machen: Setze die Summe, die du haben möchtest, um ca. 10 % höher an und vergrößere dadurch deinen Verhandlungsspielraum. Das nennt man Bluffen und wird dir gut zu Gesichte stehen. Du wirst sehen, wie schön es am Ende ist, wenn du gewinnst.

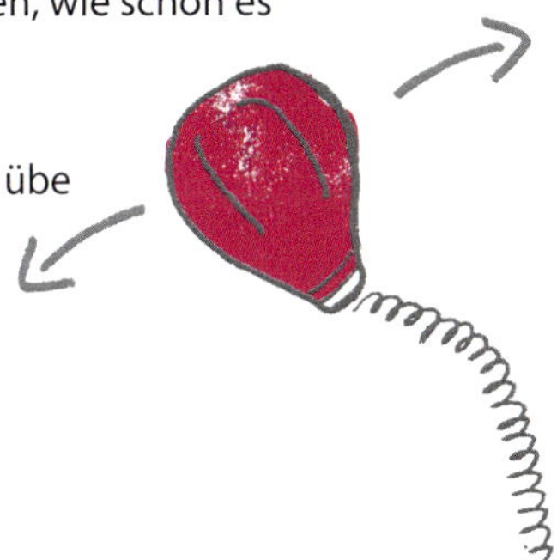

Durchdenke also deine Verhandlungsoptionen im Vorfeld und übe das Formulieren deiner Argumente vor dem Spiegel oder mit einem Sparringspartner/einer Sparringspartnerin. Auf diese Weise wirst du bestens vorbereitet sein und mehr aus deinen Verhandlungsgesprächen herausholen können.

FAZIT: UND NUN LOS! TU WAS, ABER NICHT ALLEIN

TOOL 19

UNTERSTÜTZUNG SUCHEN – LERNEN VON VORBILDERN UND FÖRDER*INNEN

TOOL 20

ZUSAMMEN IST MAN WENIGER ALLEIN

TOOL 19 UNTERSTÜTZUNG SUCHEN – LERNEN VON VORBILDERN & FÖRDERINNEN

Wichtig und gut für deine Karriere n a c h Kindern ist jemand, der dich fördert UND etwas von dir fordert, also etwas von dir erwartet. Suche dir eine **Mentorin**/einen **Mentor**, einen Unterstützer oder eine Unterstützerin, auch gegen einen richtigen Fan ist nichts einzuwenden. Lass dich von dieser Person promoten, voranbringen, auf deinem Weg nach vorn katapultieren. Dein „Fan" nimmt dich mit zu den wichtigen Events, auf die richtigen Partys und stellt dich strategisch interessanten Leuten vor.

Jemand, der das Business, in das du (zurück-) willst, sehr genau kennt, wird dich bereitwillig unterstützen und dir ein Vorbild sein. Vielleicht wird diese Person Ähnliches erlebt und gute Kontakte haben. Dieser Jemand **glaubt an dich**, kennt deine Kompetenzen und schätzt dich in deiner Art. Er oder sie hat den echten Willen, dich auf deinem Weg voranzubringen – ohne Wenn und Aber. Meinst du, du findest so jemanden, Lisa?

Ich hatte zum Beispiel während meiner Trainerausbildung in Süddeutschland Josephine, eine Trainerkollegin, die eine solche Mentorin für mich war. Sie ließ mich hospitieren, nahm mich auch zu schwierigen Akquisegesprächen mit, damit ich ihre Strategie und ihr Vorgehen kennenlernen konnte und gab mir immer wieder Trainingsparts, in denen sie mich beobachtete und coachte. Ihr Feedback habe ich bis heute behalten und ich arbeite nach wie vor mit diversen Tools, die mir Josephine beigebracht hatte. Ich habe sehr vieles von ihr gelernt. Eines Tages, als der Beratungseinsatz für einen großen Auftrag besprochen wurde, nahm sie mich überraschend in das Haupt-Team mit auf und ich fiel aus allen Wolken: mein erster Einsatz, und das in einem Riesenauftrag mit viel Verantwortung – was für ein Traumeinstieg! Josephine traute es mir zu und ich schaffte es. Letztendlich war ich sogar diejenige, die den hauptsächlichen Schulungs- und Beratungsbedarf in dem Unternehmen abdeckte und hierfür meine ersten Lorbeeren gewann. Ich bin immer noch sehr stolz darauf. Noch heute bin ich Josephine unendlich dankbar und ich schöpfe nach wie vor aus den Erfahrungen, die ich mit und dank ihr machen durfte.

TOOL 20 ZUSAMMEN IST MAN WENIGER ALLEIN

Such dir Partner, Vorbilder, Verbündete. Halte Ausschau nach **Mitstreiterinnen**, denn es gibt sicherlich Frauen mit einem ähnlichen Ziel. Frauen, die ebenfalls Mütter sind und ebenfalls beruflich neu durchstarten wollen. Tut euch zusammen! Gemeinsam seid ihr stark, könnt euch gegenseitig unterstützen, antreiben und zusammen heulen, falls mal etwas nicht im ersten Anlauf klappt.

TOOL 20

Pusht euch gegenseitig, baut euch auf, macht euch Mut. Die positive Energie in der ersten Phase der Rückkehr in die Arbeit ist enorm wichtig. Freundinnen oder andere Mitstreiterinnen können dich sehr positiv beeinflussen und dir helfen, das zu schaffen, was du erreichen willst. Dabei ist ein wenig Konkurrenzdenken durchaus in Ordnung. Es gilt schließlich auch hier: „Konkurrenz belebt das Geschäft".

Insgesamt solltest du auf ein motivierendes Umfeld achten, denn wenn dir der Rücken gestärkt wird, so ist das ein tolles Gefühl und du wirst selbstbewusster und mit mehr Mut vorangehen können. Halte dich in dieser Phase fern von den üblichen Miesmachern und Negaholikern – Zweifel hegst du wahrschein-

EXIT

lich genügend in dir selbst und brauchst nicht noch andere, die dich in ihrer pauschal negativen und sorgenvollen Art beeinflussen wollen: „Oh, da hast du dir aber etwas vorgenommen!", „Und die Kinder? Meinst du nicht, die werden darunter leiden? Wer kümmert sich um die?" oder „Das ist ja sehr ehrgeizig – wie soll das gehen?" und so weiter. So etwas braucht niemand. Menschen und Freunde, die dich aufbauen, mit aufmunternden Kommentaren bedenken, dich stützen und das Ganze auch mit Humor sehen – das sind diejenigen, mit denen du dich umgeben solltest.

TOOL-BOX

16

Tool 16: Deine positive & überzeugende Wirkung
- Trau dich, sag „JA" und nimm **Herausforderungen** an.
- Stell dich **im besten Licht** dar – ohne falsche Bescheidenheit.
- Zeige **Präsenz** und **verpacke dich** und deine Leistung **professionell**.
- Weise nachdrücklich auf deine **Erfolge** hin.
- Sei **verständlich** (siehe das Hamburger Verständlichkeitsmodell).
- Fasse dich kurz und **einfach** (KISS).
- Nutze **positive** und **proaktive** Formulierungen.
- Vermeide **Weichmacher**.
- Drücke deine innere Überzeugung durch **sichere Körpersprache** aus.
- Bereite dich eventuell auf **Widerstände oder Niederlagen** vor – und nimm das gelassen!

17

Tool 17: Networking: Spinn dir ein enges Erfolgsnetz!

- Beschäftige dich mit den aktuellen **Social Media**: Wenn du sie professionell nutzt, kann deine Selbstvermarktung zum Karriere-Beschleuniger werden.
- Sei Teil **beruflicher Netzwerke**, speziell **Frauennetzwerke**: hier kannst du deine Ideen gut präsentieren und schon mal auf dich aufmerksam machen.
- Nutze auch **legere Get-togethers** (Sport, Restaurantbesuche, Absacker an der Bar), um in gemütlicher, zwangloser Atmosphäre Kontakte zu knüpfen und deine Ideen und dein Anliegen vorzustellen.

18

Tool 18: Verhandeln wie ein Profi heißt:

- Verkauf dich nicht unter Wert! Bluffen gehört dazu.
- Sei freundlich, aber bestimmt – die Beziehung muss stimmen, aber klare Forderungen und knallharte Argumente ebenso.
- Vorbereitung, Vorbereitung, Vorbereitung.

19

Tool 19: Eine **Mentorin** / ein **Mentor** ist in dieser wichtigen Phase von unschätzbarem Wert! Trau dich, Leute anzusprechen, die dich unterstützen können.

20

Tool 20: Bilde **Gemeinschaften mit Gleichgesinnten**: andere Mütter, die wieder in den Job zurück wollen, Frauen, die dies bereits geschafft haben, frühere Kolleginnen. Tut euch zusammen, dann wird vieles einfacher.

LISAS KARRIERE NIMMT GESTALT AN

Lisa, du hast nun viel recherchiert, dich mit dem Thema „Gesundes Fastfood" auseinandergesetzt, außerdem die Start- up-Szene unter die Lupe genommen und mit vielen Leuten gesprochen. Hast mögliche Zukunftsszenarios entworfen, im Brainstorming deine Vorstellungen und Ideen gesammelt, dich sehr gut über mögliche Produkte, ökologischen Anbau, ressourcenschonende Verarbeitung der Zutaten, Verkaufsmodelle und Weiteres informiert. Du hast viel und schnell gelesen, damit deinen Horizont beträchtlich erweitert, deine Gedächtnisleistung auf Vordermann gebracht, um wichtige Daten und Fakten erfolgreich abzuspeichern. Du bist dir über deine Stärken, Fähigkeiten, deine Werte und Träume im Klaren, hast dich innerhalb unseres gemeinsamen Coachingprozesses also enorm weiterentwickelt.

Und schließlich haben wir gemeinsam Möglichkeiten des klugen Netzwerkens und der Unterstützung von außen herausgearbeitet – so dass du nun weißt, wie du dich und dein Tun richtig in Szene setzen kannst.

Meine Frage an dich: Was genau willst du jetzt tun? Wie sieht dein Aktionsplan konkret aus? Welches sind die nächsten aktiven Schritte in Richtung Job?

Lisa: *Huuuh, jetzt wird's ernst, was? Die letzten Wochen und Monate sind wirklich sehr spannend gewesen. Noch nie habe ich in so kurzer Zeit so viel gelernt, vor allem auch über mich selbst. Ich habe vieles herausgefunden, über das ich mir schon immer Gedanken gemacht habe und nun – sozusagen in der Mitte meines Lebens – als neue Lebensgrundlage nutzen werde: Ich will am liebsten mit aller Leidenschaft und Hingabe Lebensmittel produzieren und anbieten. Lebensmittel, deren Herkunft ökologisch wertvoll ist, die ressourcenschonend hergestellt wurden UND auch noch super schmecken. Das Ganze sollte gewinnbringend funktionieren, das heißt ganz konkret, dass ich im Jahr einen Umsatz von ca. 50.000 Euro machen will. Gleichzeitig möchte ich in diesem Bereich keine 60- Stunden-Woche arbeiten, so wie es in vielen Start-ups der Regelfall ist, auch wenn alle das Gegenteil behaupten. Familie ist mir sehr, sehr wichtig und solange die Kinder noch nicht flügge sind, möchte ich für sie nachmittags, zumindest zwei Mal pro Woche da sein. Und auch im Notfall, wenn sie krank sind, mich um sie kümmern können. Ich plane also für mein Business eine ca. 25 Stunden-Woche ein.*

Meine persönliche Entwicklung ist mir ebenfalls wichtig, das heißt, ich werde mich mit Meditationstechniken beschäftigen und mich in diesem Bereich aktiv weiterbilden. Auch hierfür brauche ich etwas Zeit. Du hast mich da auf etwas aufmerksam gemacht, das ich bisher stets belächelt habe. Seitdem ich regelmäßig meditiere – und seien es nur 10 Minuten am Tag – geht es mir richtig gut!

Ok, Lisa – das freut mich sehr! Meinst du, die Branche, in die du hineinwillst, gibt ein solches Teilzeitmodell her? Kannst du dich dort mit deinen Ideen und Produkten so positionieren, dass du genügend Abnehmer und auch Hilfe für den Anbau etc. findest? Und das in Teilzeit?

Lisa: *Ich hoffe es. Ich habe mich während meiner Recherche auch auf Food-Messen und Netzwerkveranstaltungen herumgetrieben und mich dort schlau gemacht. Habe viele Leute kennengelernt, die bereits in dieser Branche tätig sind und teilweise sehr innovative Konzepte haben.*

Und ich muss dir ganz ehrlich sagen, Katrin – mein Instinkt sagt mir, dass ich es mir zurzeit NOCH nicht zutraue, meinen eigenen Start-up in diesem Bereich zu gründen. Ich bin doch ziemlich ernüchtert: Es scheint, als wäre die Zeit noch nicht wirklich reif für gesundes, ökologisch wertvolles Fastfood. Oder einen Bringdienst, der sich auf Bio-Essen spezialisiert hat. Ich habe durch meine Recherchen ein wenig das Gefühl bekommen, dass die Verbraucher einfach noch nicht so weit sind. Die meisten wollen nicht viel Geld für bessere und vor allem gesunde, ökologisch sinnvoll hergestellte Ware zahlen – leider! An diesen Ansprüchen sind einige der zunächst erfolgreichen Geschäfte auch kaputtgegangen.

Tja, dann bin ich gespannt, welche Lösung noch in Frage kommt, wo du deine Neigungen und Talente wirklich erfolgreich einbringen kannst. Aber ich sage dir, Lisa: Lass dich nicht von deinen Ideen abbringen, lass dich nicht unterkriegen oder entmutigen: Du bist kurz vor dem Ziel und ich bin sicher, dass es dir gelingen wird, mit deiner Kraft, Energie und Entschlossenheit, das Richtige zu finden.

In den kommenden vier Wochen höre ich nichts von Lisa. Sie scheint wie vom Erdboden verschluckt. Meine Mails und Anrufe beantwortet sie nicht und ich mache mir ein wenig Sorgen.

Schließlich, an einem strahlenden Septembermorgen, ruft Lisa mich an:
Es tut mir leid, ich wollte mich die ganze Zeit melden, aber es war einfach zu turbulent in den letzten Wochen. Du wirst lachen – ich habe meinen Traumjob gefunden!

Das ist ja wunderbar! Erzähl mal, was ist bei deinen Nachforschungen und Gesprächen herausgekommen?

Lisa: *Ich habe zwei Unternehmerinnen kennen gelernt, die Zuwachs suchen für ihren Bereich. Sie sind zwar von ihren Produkten und dem Service, den sie anbieten, etwas anders aufgestellt, aber die grobe Richtung stimmt.*

Was genau machen die?

Lisa: *Die beiden haben ein Start- up gegründet mit dem Namen „Food for Soul". Sie betreiben einen Liefer- und Partyservice für Bio-Essen. Hierfür verwenden sie sehr hochwertige, organisch hergestellte Nahrungsmittel. Leider stellen sie das meiste nicht selbst her, sondern lassen sich beliefern. Aber das Schöne ist: Auch auf umweltgerechte Verpackungen achten sie sehr. Es gibt also niemals Plastikgeschirr oder Wegwerfbecher, sondern richtig cooles Geschirr und Besteck, das sich entweder auflöst oder wiederverwendet wird. Auch zum Transportieren benutzen sie Elektro-Autos oder Fahrräder und sie haben ein besonderes System entwickelt, die Speisen warm und frisch zu halten – echt beeindruckend! Ihr Laden läuft bombig, besonders, seitdem du die Ware im Internet bestellen kannst. Ihre Social Media-Kanäle sind voll ausgeschöpft; sie haben hierfür extra eine sehr fitte Mitarbeiterin angestellt, der sich bestens auskennt.*

Ja, das hört sich gut an! Musst du dich dort einkaufen oder welche Art der Partnerschaft habt ihr vor?

Lisa: *Genau, ich werde die zweite Geschäftsführerin, da eine Frau nun in Mutterschutz geht und in den kommenden drei Jahren auch nicht vorhat, wieder zu kommen. Und dann sehen wir weiter … Das ist zwar jetzt noch nicht genau das, was ich mir erträume, aber ich denke, es ist ein guter Kompromiss. Und ich werde mit Sicherheit so viel lernen, dass ich in einigen Jahren, wenn ich familiär mehr Zeit und Unabhängigkeit habe, mit meinem eigenen Laden durchstarten kann. Diesen Traum habe ich natürlich nicht begraben …*

Siehst du, Lisa – das hört sich sehr gut an. Und es zeigt sich wieder einmal: Je klarer dein Selbstbild ist, je bewusster du dir über dein Profil wirst, umso wahrscheinlicher ist es, dass du genau das findest, was zu dir passt – und was dich letztendlich glücklich macht. Durch dein aktives TUN bist du deinen Träumen nun ein ganzes Stück nähergekommen – und selbst durch Fehlschläge, Enttäuschungen oder negative Erfahrungen kommt man weiter!

Am wichtigsten finde ich, dass du in den letzten Wochen weder aufgehört hast, Vertrauen in die Zukunft zu haben, noch aufgegeben hast, auch wenn es hier und da Stolpersteine gab. Deine positive Energie und dein Optimismus haben dir natürlich hierbei sehr geholfen. Und du hast einen guten Support gehabt – oder?

Lisa: *Ja, das war mit das Allerbeste! Meine Freundin Hannah und ich haben jetzt so ein cooles Modell zusammen geschaffen: Wenn ich Termine habe und die Kinder nicht abholen kann oder nachmittags keine Zeit habe sie bei den Hausaufgaben zu unterstützen, springt sie ein und umgekehrt. Das läuft richtig gut. Vor allem ist sie im Moment zeitlich sehr flexibel, da sie in Elternzeit ist. Unsere Kinder sind etwa gleich alt und gehen zu denselben Einrichtungen. Gerade, wenn du morgens ein krankes Kind hast, fällt ja das ganze, mühsam aufgebaute Logistik-Kartenhaus in sich zusammen – und hier haben wir uns schon oft gegenseitig helfen können. Ich musste mich aber, ehrlich gesagt, erst einmal überwinden, sie zu fragen. Wir hatten bisher gar nicht so viel Kontakt und ich wusste nicht, wie sie reagieren würde.*

Ich habe sie einfach einmal vor der KiTa angesprochen, wir haben einen Kaffee zusammen getrunken und haben gemerkt, dass wir ähnliche berufliche Ziele und Vorstellungen über Erziehung haben.

Augen auf bei der Partnerwahl!

Mein Mann war ja zuerst nicht so superinteressiert an meiner Karriere. Mittlerweile gefällt es ihm aber, dass ich so viele Pläne habe und mal ein bisschen Leben in die Bude kommt. Es sind jetzt ganz andere Gespräche zwischen uns möglich. Über Business, Start-ups, die Hamburger Wirtschaftslandschaft, um nur einige zu nennen. Unsere Themenauswahl war vorher, fürchte ich, etwas reduziert auf Kinder, Schule und den nächsten Urlaub … Wir sind jetzt mehr auf Augenhöhe, das merke ich – und ich genieße das sehr.

Wie hast du deinen Mann denn dazu bekommen, sich mehr zu Hause einzusetzen? Oder wart ihr da immer schon sehr emanzipiert?

Lisa: *Das war die allerschwerste Hürde, ganz ehrlich. Stefan ist ein richtiges Arbeitstier. Er liebt seinen Job und ist am liebsten im Büro oder geschäftlich unterwegs. Besonders jetzt zu Beginn gibt es natürlich auch mehr Knatsch, weil ich ihn immer wieder dazu treiben muss, sich im Haushalt mehr zu beteiligen.*

STOLPERSTEIN NUMMER 1 FÜR KARRIEREFRAUEN IST DER PARTNER![18]

Aber alle müssen bei einem solchen Modell mit anpacken – das ist eben so.

Ja, ja, Lisa – ich weiß genau, wovon zu sprichst … Für denjenigen, der sich vorher auf ein stets aufgeräumtes Haus und regelmäßige, warme Mahlzeiten verlassen konnte, bricht eine kleine Welt zusammen. Den Kindern hin und wieder bei den Hausaufgaben oder der Klausurvorbereitung zu helfen, erfordert

18 Hafert/Svenja Hofert/Uta Nommensen, Wiedereinstieg in den Beruf, 2010.

größere Überredungskünste als unangenehme Fleißarbeiten an Mitarbeiter zu delegieren. Dafür brauchst du Geduld, Zeit und viel Engagement, sonst machen das die Kinder nicht mit.

Lisa: *Und Verlässlichkeit ist auch sehr wichtig für Kinder. Letztens hat mein Mann vergessen, unsere Tochter vom Ballett abzuholen. Das war ihm dann so peinlich, dass das garantiert nie wieder passiert! Es ist eben eine Umstellung, klar. So picobello sieht's nun nicht immer zu Hause aus. Die Kinder machen sich hin und wieder einfach ein Müsli zum Mittagessen – was soll's! Alle werden selbstständiger und wir genießen die Zeit, die wir dann tatsächlich alle wieder in Ruhe zusammen haben, umso mehr.*

Tja, Lisa, dass deine Familie dir einen roten Teppich ausrollen würde, das war wohl auch nicht zu erwarten. Sobald Änderungen im fragilen System einer Familie auftreten und es turbulenter wird, werden die Leute erst einmal etwas empfindlich. Schließlich geht es ja auch um ihre Zeit und ihre Bequemlichkeit, die in Gefahr ist. Du weißt ja, dass Änderungen bei vielen Menschen Ängste und Wut auslösen können, insbesondere, wenn diese Änderungen in ihre Komfortzone eingreifen. Aber gerade hier sind deine **Durchsetzungsfähigkeit** und **Entschlossenheit** gefragt. Vor allem denk an deine Vision: Knipse sie an bei jeder Dunkelheit. Deine Vision zeigt dir immer wieder den richtigen Weg. Sie gibt dir Kraft und hilft dir, durchzuhalten. Selbst bei kleineren und größeren Einbrüchen. Ich denke, das hast du insbesondere in den intensiven, letzten Wochen gemerkt.

Also, alles in allem ein toller Erfolg, Lisa! Ich bin begeistert und gratuliere dir zu deinem Wiedereinstieg in die moderne Arbeitswelt. Es hat zwar ein wenig gedauert – manchmal muss man sich auf Umwege einlassen, um zum Ergebnis zu kommen – doch durch dein Tun und durch die ganze gesammelte Erfahrung hast du einen superguten Kompromiss gefunden.

Weißt du, Erfahrung kannst du nicht ersitzen und nicht erlesen – du musst mitten rein ins Leben! Und das hast du großartig gemacht.

„DAS GUTE LEBEN IST EIN PROZESS, KEIN ZUSTAND." *Carl Rogers*

Mit viel Schwung hast du die ersten Schritte getan. Bei allen folgenden Schritten und bei allem, was sonst auf dich zukommen wird, wirst du sicher so viel Erfahrung sammeln, dass dein Traum von deinem eigenen Laden in den nächsten Jahren ebenfalls in Erfüllung gehen wird. Davon bin ich überzeugt.

Für diesen Prozess wünsche ich dir viel Glück, viel Erfolg und weiterhin gutes Gelingen! Ich freue mich so sehr, denn du hast gemerkt – DER SCHLÜSSEL ZUM ERFOLG LIEGT GANZ IN DIR SELBST!

Aber jetzt lass uns den Schampus aufmachen und deinen Erfolg gebührend feiern! Prost! Das Leben ist schön!

So, meine liebe Leserin,
alles das, was Lisa am Ende unserer Story geschafft hat, kannst du ebenfalls schaffen! Du hältst nun alle Tools, die du hierfür brauchst in der Hand. Kennst viele Tricks und Tipps und hast zahlreiche Möglichkeiten bekommen, dich weiterzuentwickeln. Du hast herausgefunden, was dich glücklich macht, wohin du gehen willst und welcher Weg für dich persönlich realistisch ist.

Jetzt ist es an der Zeit, dich auszuprobieren und dich Stück für Stück auf deinen neuen Job, die Rückkehr in deine alte Firma oder deinen heiß ersehnten Start-up zuzubewegen.

Ich habe großes Vertrauen in dich: Dein GPS für den Wiedereinstieg ist installiert, upgedatet und bereit, dich zu führen – dorthin, wo du neu durchstarten kannst. Vor allem hast du erfahren: Du kannst alles lernen – wenn du es wirklich willst! Dein Gehirn ist in Hochform, deine Kreativität und Fantasie sind angezapft, dein Selbstbewusstsein ganz vorn und deine Leidenschaft für das, was du in Zukunft erreichen willst, geweckt. Damit hast du sogar genügend Kraft und Überzeugung in dir, auch dein zeitweise vielleicht etwas störrisches Umfeld mitzunehmen – denn: Jetzt bist DU dran!

Alles erdenklich Gute für dich – und dein Wiedereinstieg kann beginnen!

„ALWAYS REMEBER: LIFE IS HUGE. ENJOY IT ALL!“[19]

19 Susan Jeffers, „The little book of Confidence“, 1999, p.136.

DEIN „NOTFALLKOFFER“ FÜR SCHLECHTE ZEITEN

Die Extra-Vitaminspritzen & ein paar Denkanstöße für zwischendurch

Im Büro
Männer: sind schneller; sie rufen den Chef oder die Chefin auch gern vier Mal wegen einer Kleinigkeit an, nur um zu zeigen, dass sie DA und am Platze sind; sie machen sich bemerkbar; sind also insgesamt **unbequem und präsenter**!

Frauen: warten ab; rufen nur in dringenden Fällen an; wollen nicht stören; versuchen, nicht aufzufallen; sind also insgesamt **praktisch und „pflegeleicht“**!

Es fragt sich, an wen die Führungskraft bei der nächsten Beförderung wohl eher denkt …

Sich feiern
Wichtig für dich: deine eigenen Erfolge und Fortschritte zu sehen, sie zu genießen, dich dafür zu feiern! Und zwar nicht nur wöchentlich, sondern besser täglich!

Dranbleiben
Versuche, viel Präsenz, viel Wirkung zu zeigen und hartnäckig zu sein. Wenn ich zehn Leute anrufe, um meine Idee zu platzieren, ist es normal, dass nur bei zwei potenziellen Kunden Interesse besteht und am Ende einer wirklich auf mein Angebot einsteigt. Davon nicht entmutigen, nicht abschütteln lassen! Dranbleiben! Ein System entwickeln, in welchem du deine Kontakte und Netzwerke verankerst und immer wieder anklopfen kannst, um dich in Erinnerung zu bringen.

Nach einem NEIN ruhig nachfragen: „Darf ich fragen, warum das für Sie nicht in Frage kommt? Darf ich Sie in einem halben Jahr noch einmal kontaktieren?"

Falls mal etwas nicht so läuft wie geplant …
Lass dich nicht entmutigen, nimm es nicht persönlich, hab einen langen Atem und nimm mal die Vogelperspektive ein: Sieh dir das Schlamassel mal von ganz weit weg an: Ist es wirklich der Untergang der Welt?

NEVER GIVE UP, EVER! *Karen Salmansohn*

Kleider machen Leute
Natürlich sollst du dich wohl fühlen in deinem Outfit.
Und es soll zu deinem Typ passen – klar. Wenn du einen Hosenanzug oder Rock und Blazer oder ein elegantes Kleid anziehst, jeweils mit hohen Schuhen und gutem Mantel. Dich dezent schminkst und ein paar Minuten mehr als sonst deiner Frisur widmest, passt du dich automatisch den Business-Gepflogenheiten an. Und bist auf Augenhöhe, zumindest von deiner Außen-

wirkung her. Probiere es aus: Wie fühlst du dich im Jackett? Und was machen Schuhe mit hohen Absätzen mit dir? Schau vor allem, was in der Branche und in der Umgebung, in der du dich bewegen wirst, üblich ist.

> BUSINESS-MODE FÜR FRAUEN IST KOMPLIZIERT: SIE SOLL SCHÖN AUSSEHEN, ABER NICHT ZU DEZIDIERT WEIBLICH SEIN. SIE SOLL EINE AURA VON MACHT VERSTRÖMEN, ABER DAS WIEDERUM NICHT ZU UNWEIBLICH. *Gertrud Lehnert*

Also: Finde deinen eigenen Business-Stil! Und überlege dir bei deiner Art sich zu kleiden: Wie möchtest du gesehen werden?

Männersprache – Frauensprache?!

In der Businesswelt von heute ist es offenbar gut, als Frau **zweisprachig** unterwegs zu sein. Zumindest passiv solltest du die Männersprache mit ihren einfach konstruierten, kurzen Sätzen und klaren Aussagen und ihren oft als Forderungen oder als Befehl formulierten Bitten beherrschen. Denn wenn du die Männer verstehst, ihren barschen Anweisungen und schnörkellosen Sätzen folgen und sie in deine eigene Sprache übersetzen kannst, ist das von großem Vorteil.

Körpersprache

Ein geneigtes Köpfchen, ständiges Nicken und ein freundliches Lächeln im Gesicht – all das ist gut und schön, wenn du mit deinen Großeltern auf der Couch sitzt und über alte Zeiten redest.

In der rauen Geschäftswelt zeichnest du dich so allerdings nicht unbedingt durch Überzeugungskraft, Energie und Bestimmtheit, bzw. Autorität aus. Du strahlst damit eher Unterwürfigkeit und Unsicherheit aus. Lass es bleiben! Steh oder sitze gerade aufgerichtet, schau den Leuten klar ins Gesicht, lächele nicht zu oft und zeig auch mal keine Reaktion. Du wirst überrascht sein, wie sehr du an Autorität gewinnst.

Die Rabenmutter

Lass dir um Himmels Willen kein schlechtes Gewissen einreden, falls du das Gefühl hast, du möchtest wieder in den Beruf einsteigen: Wenn dir deine Unabhängigkeit wichtig ist und du bei der Arbeit nochmal eine ganz andere Art der Selbstbestätigung erfährst als in der Rolle als Mutter ist das mehr als ok, und absolut deine eigene, persönliche Entscheidung.

IN DEUTSCHLAND HERRSCHT NACH WIE VOR DIE MEINUNG VOR: DIE MUTTER IST FÜR DAS LEBENSGLÜCK DER GANZEN FAMILIE VERANTWORTLICH! DAS IST EINE SCHWERE VERANTWORTUNG – DAS SCHLECHTE GEWISSEN IST VORPROGRAMMIERT. *Ursula von der Leyen*

Perfektionismus

Deinen Perfektionismus kannst du getrost streichen. Es muss nicht alles superperfekt sein, die Küche muss nicht immer glänzen. Die Welt geht nicht unter, wenn das Bett nicht gemacht ist und auch wenn einmal ein Kleidungsstück einen Flecken hat, so ist das kein Drama. Gemeinsam zu essen zu einer bestimmten Tageszeit – auch das ist wunderbar und hält die Familie zusammen. Doch muss es nicht immer ein eigenhändig, ausschließlich mit frischen Biolebensmitteln und Superfood bereichertes 5-Gänge-Menü sein. Hier stelle ich immer wieder fest, dass wir Frauen uns mitunter schwertun, die sprichwörtlichen Fünfe gerade sein zu lassen.

ERLEDIGT IST BESSER ALS PERFEKT. PERFEKTIONISMUS FÜHRT BESTENFALLS ZU FRUSTRATION. IM SCHLIMMSTEN FALL LÄHMT ER DICH!

Sheryl Sandberg

Kreative Lösungen

Kennst du die „Kopfstandtechnik“?
Ziel der „Kopfstandtechnik“ ist es zum einen, neue, kreative Ideen zu sammeln, und zum anderen, um aus einer vermeintlich ausweglosen Patt-Situation herauszufinden und wieder klar sehen zu können.

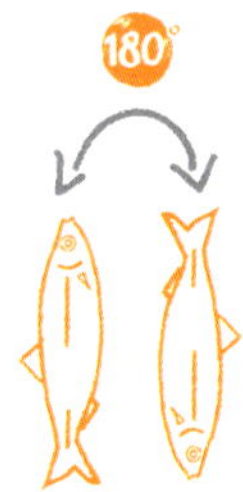

Wie funktioniert's?
Jetzt wird es ein wenig verrückt, denn mit dieser Kreativitätstechnik formulierst du deine Herausforderung einmal ganz neu und verdrehst sie dabei genau ins Gegenteil. Du stellst das Problem also sprichwörtlich auf den Kopf und fragst dich zum Beispiel, hier in Lisas Fall:

„Was muss ich tun, um mit meiner Idee „Gesundes Fastfood“ ein erfolgreiches Konzept entwickeln zu können?“

Im nächsten Schritt formulierst du diesen Satz einfach um:
„Was kann ich tun, damit ich mit meinem Vorhaben **keinesfalls** vorankomme und sehr wahrscheinlich scheitern werde?“

Antworten könnten hier sein:
• Keinen anderen teilhaben lassen an meinem Vorhaben und Problem.
• Alles allein machen wollen, keine Unterstützung oder Hilfe in Anspruch nehmen.
• Noch sehr lange untätig, mit diesem negativen und hilflosen Gedankenkarussell im Kopf zu Hause sitzen.
• Auf keinen Fall recherchieren (online, über Kontakte), was es bereits zu diesem Thema gibt.
• Weiterhin allein vor mich hinbrüten und immer depressiver werden.

Der nächste Schritt ist nun das Wiederherumdrehen der gerade erzeugten negativen Ideen **ins Positive** – möglichst mit klaren, prägnanten und positiven Formulierungen:

- Andere Menschen, die mit der Selbstständigkeit bereits Erfahrung haben in das Thema einbeziehen und um die Schilderung ihrer Erfahrungen bitten.
- Professionelle Hilfe auf dem Weg zur Gründung in Anspruch nehmen (Gründercoaching, erfahrene Beratung für Businessplan und Finanzierung, Daten und Fakten deiner Zielbranche eruieren, Zuschüsse und Förderungen in Erfahrung bringen etc.)
- Sich in die Gründerszene hinausbewegen, auf Events, Netzwerkveranstaltungen, Foodmessen gehen. Außerdem andere GründerInnen besuchen und Gespräche mit ihnen führen.
- Sich in das Thema einlesen, Berichte darüber lesen (online und einschlägige Veröffentlichungen), den Wissenshorizont erweitern.
- Dich anderen mitteilen, auch Zweifel und Ängste zu dem Thema äußern – und Unterstützung suchen.

So bekommst du viel Inspiration für dein weiteres Vorgehen – und kannst vor allem sofort loslegen! Viel Spaß dabei!

Kennst du den Elevator Pitch?

In 90 Sekunden, auf den Punkt genau deinem Gegenüber erzählen, was du machst – das klappt besonders gut im Fahrstuhl, mit der Personalchefin, die dich fragt: „Und, was machen Sie so?“ Warum in nur 90 Sekunden? Weil du dann gezwungen bist, das wirklich Relevante zu erwähnen. Nicht deine Biografie vom Kindergarten bis zum Examen. Was interessiert die Personalchefin? Genau, was DICH besonders macht und warum die Firma ohne DICH in Zukunft nicht mehr auskommen wird. Das Ganze mit Emotionen gespickt – fertig. Wenn du es gut gemacht hast, fragt sie dich garantiert nach deiner Visitenkarte …

… und noch etwas:

> ORGANISATIONSTALENT, SELBSTDISZIPLIN, FLEIß UND VOR ALLEM KLARE ZIELVORSTELLUNGEN BERUFLICH UND FÜR DAS PRIVATLEBEN – DIESE FAKTOREN PLUS EIN UNERSCHÜTTERLICHER GLAUBE AN DICH SELBST UND VIEL OPTIMISMUS HELFEN DIR, ÜBER SCHWIERIGE ZEITEN ERFOLGREICH HINWEGZUKOMMEN. *Katrin Bringmann*

Viel Spaß und Erfolg und vor allem
grenzenlose Energie wünscht euch

Katrin Bringmann

Berlin, Mai 2018

ANHANG

Aktuelle Netzwerke, Plattformen & Blogs: Business, Vereinbarkeit, Frauen, Familien (eine Auswahl)

1. BPW Business and Professional Women Club

Als Dachverband von rund 40 regionalen BPW Clubs in ganz Deutschland mit ca. 1800 Mitgliedern setzt sich der BPW Germany für die Chancengleichheit in Beruf, Wirtschaft, Politik und Gesellschaft ein. Im BPW engagieren sich berufstätige Frauen aller Branchen. Der deutsche Verband ist Mitglied des BPW International (International Federation of Business and Professional Women), der mit weltweit etwa 30.000 Mitgliedern einer der größten internationalen Verbände berufstätiger Frauen ist.
http://www.bpw-germany.de/

2. Bundesverband der Frau in Business und Management e.V.

Der B.F.B.M. ist ein bundesweites und branchenübergreifendes Frauennetzwerk. Der Leitsatz „Frauen stärken Frauen" bestimmt das Miteinander in den Regionalgruppen.
https://www.bfbm.de/

3. Deutscher Frauenrat

Der Deutsche Frauenrat hat sich in seiner über sechzigjährigen Geschichte zur wichtigsten Lobby von Frauen in diesem Land entwickelt: zu einem ernst zu nehmenden und ernst genommenen gesellschaftspolitischen Faktor. Er hat wesentlich dazu beigetragen, Frauen- und Gleichstellungspolitik auf die politische Agenda zu setzen und dort auch zu halten.

Das gemeinsame Ziel heißt Geschlechtergerechtigkeit: Chancengleichheit und gleichwertige Anerkennung von Frauen und Männern in Beruf und Familie, in Gesellschaft, Politik, Wirtschaft und Kultur.
https://www.frauenrat.de

Soroptimist International

4. Soroptimisten

Soroptimist International (SI) ist die weltweit größte Service-Organisation berufstätiger Frauen mit gesellschaftspolitischem Engagement Soroptimistinnen befassen sich mit Fragen der rechtlichen, sozialen und beruflichen Stellung der Frau und vertreten die Position der Frauen in der öffentlichen Diskussion.
Sie setzen sich ein für die Verbesserung der Lebensbedingungen für Frauen und Mädchen. Sie agieren lokal, regional, national und global.
https://www.soroptimist.de

SHE works!

5. She Works!

Das Wirtschafts- und Karrieremagazin für Frauen. Portal für Gründerinnen und Unternehmerinnen. Infos rund um Förderprogramme, Beratung, Netzwerke, Finanzierung, Familienmanagement.
https://www.she-works.de/

MOMPRENEURS

6. Mompreneus

Die Unternehmerwelt ist (nach wie vor) traditionell männlich geprägt – Frauen, geschweige denn Mütter, sind vollkommen unterrepräsentiert und damit entgeht unserer Wirtschaft und Gesellschaft ein enormes Potential. Ein Potential,

das brachliegt, denn viele Mütter mit wertvollem Wissen und Know-how, jahrelanger Erfahrung, finden nie ihren Weg zurück in die traditionelle Arbeitswelt. Denn sie brauchen Flexibilität und wollen „ihr eigenes Ding“ machen, wollen sich verwirklichen UND für die Familie da sein. Und genau hier setzen wir an: Unsere Vision ist es möglichst viele Mütter und MomPreneurs zu unterstützen, zu inspirieren und zu motivieren ein erfolgreiches Business auf- oder auszubauen UND für ihre Familie da zu sein.
https://mompreneurs.de/

WOMEN SPEAKER FOUNDATION

7. Women Speaker Foundation

Diese Plattform bietet Expertinnen, Rednerinnen und Moderatorinnen eine Vermarktungsplattform und unterstützt sie bei ihrer Positionierung im Rednerinnen-Markt; schmiedet Kooperationen und initiiert Kommunikationsplattformen mit allen gesellschaftlichen Akteuren.
http://women-speaker-foundation.de

8. Business Ladys

Karriereportal für Frauen; bietet unter www.businessladys.de Unterstützung für Frauen, die Lust auf Karriere haben und „für die Ehrgeiz kein Schimpfwort ist“.
https://www.businessladys.de/category/koepfe/top-managerin/

Mama sucht Arbeit

9. Mama sucht Arbeit

Das Team von „Mama sucht Arbeit“ bringt Mütter und Unternehmen zusammen. Dabei spielt das Thema Vereinbarkeit von Beruf und Familie eine große Rolle. Unternehmen, Mütter und Väter werden dabei unterstützt, an einem Strang zu ziehen.
http://www.mama-sucht-arbeit.de/

10. Mama arbeitet

Blog von Christine Finke, promovierte Anglistin, Journalistin, Bloggerin. Die Vereinbarkeit von Familie und Beruf ist ein zentrales Thema in ihrem Blog, weil es ein zentrales Thema ihres eigenen Lebens ist. Ebenso vertritt sie die Anliegen von Alleinerziehenden, die keine starke Lobby haben.
https://mama-arbeitet.de/

11. Networkingmom

Die Vereinbarkeit von Beruf und Familie und die viel zitierte „Work-Life-Balance" ist vor allem ein Thema für berufstätige Mütter. In diesem Blog der Bloggerin Sophie Lüttich werden viele interessante Fundstücke aus der Netzwelt zum Thema zusammengetragen.
http://www.networkingmom.de/

12. Barcampfrauen

Feminismus, Vernetzung, Debatte – das Barcamp Frauen will diskutieren und verbinden. Es ist eine Debattenplattform für alle Fragen, die junge Frauen und Männer heute bewegen: Wie sieht feministische Politik für alle aus? Wofür kämpfen wir? Wie kann ich mich nachhaltig engagieren? Und wie kann ich all das mit meinem Job, meiner Familie und meinen Freunden_innen vereinbaren?
http://barcampfrauen.de/

13. Ladies Mentoring

„Wir bilden ein synergetisches Netzwerk für erfolgreiche Frauen und die, die es werden wollen."

http://www.ladiesmentoring.com

14. Digital Media Women

NET. WORK. POWER: Die DMW arbeiten für mehr Sichtbarkeit von Frauen auf allen Bühnen – ob Konferenzen, Fachmedien oder Management Board. Frauen wollen und sollen gleichberechtigt teilhaben und sichtbar Einfluss nehmen: offen, respektiert und wegweisend. 100 aktive Ehrenamtliche aus sieben Quartieren und über 15.000 Community Mitglieder haben ein klares Ziel vor Augen, nämlich sie unterstützen und vernetzen Frauen, die den digitalen Wandel vorantreiben: Zum Beispiel mit Meetups, Themenabenden und Academys.

https://digitalmediawomen.de

15. NEW WORK FAMILIES-Kampagne

New Work ist eine weltweite Bewegung, die sich intensiv mit den Ansätzen des neuen Arbeitens auseinandersetzt. New Work Families nimmt den Wandel in der Gesellschaft als Chance wahr, Familien in Zukunft zu stärken, indem sich die Arbeitsbedingungen den elternspezifischen Bedürfnissen anpassen. Zukünftig sollten wir keine Entscheidungen nach dem Entweder-(Arbeit)-Oder-(Familie)-Prinzip mehr fällen müssen. Darum wollen wir Ansätze und Beispiele zeigen, die diese neue, "echte" Familienfreundlichkeit mit Leben füllen. Wir werden den Eltern in der neuen Arbeitswelt eine Stimme geben – und Anlaufstelle für die Unternehmen sein, die künftig mit diesen Menschen zusammenarbeiten möchten.

http://www.new-work-families.net

nie:solo

16. Nie solo
NIE:SOLO ist eine Co-Working-Plattform für Mütter und Väter, die gemeinsam eine Vision umsetzen wollen. Die Idee ist aus dem Eigenbedarf der Gründerinnen entstanden. Denn Kinder verändern den Lebens- und Arbeitsrhythmus komplett und schränken den Aktions- und Reaktionsradius oftmals enorm ein. Um in dieser besonderen Lebenssituation als Selbstständige konkurrenz- und handlungsfähig zu bleiben, ist die Lösung – nie solo zu arbeiten.
http://www.niesolo.de/

Viele sehr brauchbare Tipps und aktuelle Adressen, Texte und Artikel findest du außerdem unter:
17. https://www.perspektive-wiedereinstieg.de/

Hast du weitere Ideen zu spannenden Frauen-Netzwerken? Schreib mir:
bringmann@kb-neustart.de
Vielen Dank!

Übungsblatt zu Tool 11: So trainierst du deine Augenmuskeln, um sie auf das schnellere Lesen gut vorzubereiten

Zur Info: wir haben sechs Augenmuskeln pro Auge, die dafür sorgen, dass unser Augapfel sich hin und herbewegen und Worte und Wortgruppen erfassen kann. Nun ist es durch regemäßiges Training möglich, unsere Augenmuskeln so zu trainieren, dass sie a) beim Lesen nicht so schnell müde werden und b) schneller von Wort zu Wort oder besser von Wortgruppe zu Wortgruppe gleiten und diese aufnehmen können. Die Übungen helfen außerdem dabei, dein Blickfeld zu erweitern – und so tatsächlich schneller deine Texte zu erfassen.

Augenmuskel-Übung 1:

Lege ein DIN-A 4 Blatt, möglichst weiß und unliniert, vor dich auf den Arbeitsplatz. Schaue nun zunächst auf die **linke obere Ecke des Blattes** und ziehe mit den Augen eine Linie nach rechts unten, so schnell wie möglich. Nun gehst du mit den Augen von rechts unten wieder zurück nach links oben – ebenfalls so schnell es geht.

Das Ganze wiederholst du 10–12 Mal.

Nun kommt eine kleine Pause für deine Augen: das „Palmieren“. Du reibst beide Hände aneinander, so dass sie eine schöne Wärme ausstrahlen. Dann legst du die Hände über die Augen und atmest tief durch: Beim Einatmen zählst du bis 4, hältst die Luft an und zählst dabei im Kopf bis 7.

Dann atmest du die Luft wieder langsam aus, zähle dabei bis 8. Das Ganze dreimal – schon sind deine Augen wieder relaxt.

Im dritten Schritt nun führst du die Muskelübung wie soeben beschrieben durch, allerdings diesmal von oben rechts starten und eine Linie bis unten links ziehen, also genau entgegengesetzt. 10–12 Mal das Ganze – fertig ist die Augenmuskel-Trainingseinheit 1. Täglich 1 Minute reicht aus, deine Augen so zu trainieren und dieser Einsatz lohnt sich!

Vergiss das Palmieren im Anschluss nicht – besonders zu Beginn können die Übungen ganz schön ungewohnt und anstrengend für deine Augen sein.

Augenmuskel-Übung 2:

Es geht in der folgenden Übung darum, mit den Augen möglichst **schnell von einer Wortgruppe zur nächsten** zu springen. Auf keinen Fall geht es an dieser Stelle um das Verständnis des Textes – um also vom Inhalt abzulenken, habe ich eine finnische Kindergeschichte hierfür ausgewählt.

Aufgabe ist es, die Stoppuhr einzustellen und, sobald du auf „Start" gedrückt hast, mit den Augen von Wortgruppe zu Wortgruppe zu springen – und zwar so schnell wie möglich. Wichtig hierbei ist, dass du jede Wortgruppe mit jeweils nur einer Augenfixierung versuchst zu erfassen – also möglichst keine einzelnen Wörter zu erkennen.

Das Ziel sollten für den Gesamttext 18 Sekunden sein. Falls du länger brauchst (und das wird wahrscheinlich zu Beginn so sein), wiederhole diese Übung so lange, bis du sie in 18 Sekunden schaffst. Viel Vergnügen!

„yksi-kaksi“ croaks
papukaija, ja siinä
hänen sini vihreä pää
pieleen. Hänen mustat nappi
silmät ja hänen höyhen peite loistaa.
Selma varovasti tyontää omnena viipaleen kautta
tangot häkin. „terve,“ croaks papukaija, pecking Selma
sormella. Auts sormensa hänen suunsa
nopeasti. „Satuttaa?“ Will Mari Selma ravistelee päätään.
„Tseki On ainoa papukaija, joka voi luottaa Suomen
ja sanoa hyvää päivää. Mutta hän voi itse tikittää
Heiko, kertoo Mari. Tule, minä näytän sinulle,
missä olemme kesällä. „Slma seuraa Mari pieni kioski Farina.
On On Se on kaneli leivon naisia, jota kutsutaan Suomen slaps, ja
Postkart Ostamaan. „Tämä on SalmaanLake. Talomme Hauk aivan kuin että-kuvassa.
„mari viittaa yksinäinen mökki rannalla syvän sininen näyttää. Järvi on
iso ja doping-kesksus. „elää siellä kuin karhuja?“
kylmäkauppa Selma. Selvää! Mutta onneksi
vain mustikoita. On Se on jopa ruskeat karhut,
hirvi ja poro. Toinen kortti seistä. „ja“
oliko se? ravin Tola, jossa taulukot
läpinäkyvä korttelin jäätä ja
Bencken Lumesta on se
nähdä Tämä
on Schinehotel
Koteessa Kemi
Se on

Lesetest als Ergänzung zu Tool 11: Speedreading

Lesetest

Bevor du zu lesen beginnst: Stelle eine Stoppuhr ein. Drücke auf „Start" und lies den Text in deinem ganz normalen Tempo. Wenn du beim letzten Wort angekommen bist, hältst du die Zeit an und gehst anschließend auf die zweite Seite des Textes. Hier findest du Fragen zum Inhalt. Versuche diese ruhig und spontan zu beantworten. Dabei darfst du nicht noch einmal in den Text schauen. Versuche es aus dem Gedächtnis – nur dann können wir herausfinden, wie viel du eigentlich in deinem jetzigen, normalen Lesetempo inhaltlich verstehst und behältst.

Los geht's.

Gut lesen und leben: Mit Speedreading zu höherer Lebensqualität

In einem längeren Bericht des englischsprachigen, akademischen Non-Profit-Blogs „The Conversation" wird über den hohen Einfluss des Lesens auf unsere Lebenszufriedenheit berichtet, den eine Umfrage in Großbritannien erwiesen hat. Wer nur 20-30 Minuten pro Woche (!) liest, hat eine 18 % höhere Selbstachtung, eine um 52 % erhöhte Wahrscheinlichkeit, sich sozial integriert zu fühlen und eine um 20 % erhöhte Wahrscheinlichkeit, generell mit seinem Leben zufrieden zu sein.

Gemeint ist die Lektüre von Romanen oder anderen Büchern, bei denen man sich komplett in eine andere Welt fallenlässt (also nicht etwa Facebook). Diese Art der Lektüre fördert die Empathiefähigkeit, also unser Verständnis für das Denken und die Meinungen anderer; außerdem werden wir dabei an Kenntnisse, Gefühle oder Fähigkeiten erinnert, die wir mit den Romanfiguren teilen und die bei uns selbst schon in Vergessenheit geraten waren. Lesen hilft uns, unsere bornierte alltägliche Sicht auf die Dinge zu überschreiten und mit einem größeren Erfahrungshorizont zu verweben.

Auch deshalb sind Menschen, die viel lesen, meist die interessanteren Gesprächspartner und daher sozial höher angesehen bzw. besser vernetzt. Sogar als ein Schutz gegen Depressionen wird häufiges Freizeit-Lesen bezeichnet, unter anderem, weil wir beim Lesen erfahren können, dass wir unsere Sorgen und Ängste mit anderen Menschen teilen.

Warum Speed Reading? Es geht doch um Genuss...!?

Ein stolzer Anteil von einem Drittel der Befragten äußert die Meinung, dass er „selten oder nie" (zum Vergnügen) lese. Als Hauptgrund wird „mangelnde Zeit" genannt. An dieser Stelle kommt Speed Reading ins Spiel, und zwar aus folgenden Gründen:

• Wer schnell und effizient liest, benötigt für ein gegebenes Lesevolumen auf der Arbeit weniger Zeit als ein untrainierter Leser. Wer als Ergebnis eines Speed Reading-Kurses das Büro täglich nur eine Viertelstunde früher verlassen kann, gewinnt bereits ein Vielfaches der Zeit, die in diesem Beitrag als notwendiges Minimum für die beschriebenen Positiv-Effekte des privaten Vergnügungslesens genannt werden (20-30 Minuten pro Woche).

• Ein trainierter Speed Reader verfügt nicht nur über größere zeitliche Spielräume für privates Lesen, sondern er erlebt auch eine höhere „Selbstwirksamkeit" beim Lesen als ein langsamer Leser: Wer nur eine halbe Stunde Zeit zum Lesen zur Verfügung hat, (weil nach der Arbeit die Kinder versorgt werden müssen, die Partnerin / der Partner auf einen warten, der Haushalt erledigt werden muss etc.), wird viel eher zu einem Buch greifen, wenn er weiß, dass er in dieser halben Stunde überhaupt einen relevanten Abschnitt in dem Buch „schaffen" wird; wer sich als langsamen Leser einschätzt, weiß hingegen eh schon, dass die Zeitspanne von 30 Minuten kaum ausreichen wird, um zu den nächsten spannenden Ereignissen im Roman vorzudringen – es dauert schlichtweg eine zu „lange Weile" und Lesen wird somit als „langweilig" erfahren.

• Eine der wichtigsten Speedreading-Techniken ist das sogenannte „Chunken" – das Erfassen von Sinngruppen anstatt einzelner Wörter.
Diese Technik ermöglicht nicht nur eine bedeutende Steigerung der Lesegeschwindigkeit, sondern auch das Erfassen eines Textes in bedeutungsvollen Einheiten, was beim langsamen Wort-für-Wort-Lesen gerade verhindert wird. Mit anderen Worten: Erst bei einem angemessen hohen Lesetempo können wir die Bedeutung eines Textes optimal erfassen. (Interessanterweise praktizieren viele Menschen beim privaten Romane-Schmökern ganz von allein die „Chunking" – Technik bis zu einem gewissen Grad … während sie bei den wichtigen Fachtexten auf der Arbeit oder an der Uni in ein übertrieben vorsichtiges Wort-für-Wort-Lesen zurückfallen.)

[Autor: Friedrich Hasse, speedreading.berlin/blog, 6. Mai 2016, Textlänge: 544 Wörter]

Zeit stoppen!

Die Lesegeschwindigkeit wird in „Wörtern pro Minute" (wpm) gemessen. Und so gehst du zum Ausrechnen deiner persönlichen Lesegeschwindigkeit vor:

a) Zeit, die du gerade für das Lesen gestoppt hast, in Sekunden aufschreiben.
b) Die Anzahl der Wörter teilst du durch die Sekunden.
c) Das Ergebnis multiplizierst du mit 60.

Dieser Lesetest besteht aus 544 Wörtern. Trage einfach das Ergebnis in die folgende Formel ein, so dass du deine tatsächliche momentane Lesegeschwindigkeit herausbekommen kannst:

a) Ich habe .... Sekunden für das Lesen gebraucht.

b) 544: (geteilt durch) .... Sekunden = ... Wörter pro Sekunde.

c) .... (Ergebnis Wörter pro Sekunde) x (mal) 60 = ...

Dein Ergebnis also: ....Wörter pro Minute (Wpm).

Zur groben Orientierung: Der durchschnittliche Leser verfügt über eine Lesegeschwindigkeit von 180 – 200 wpm. Schnelle LeserInnen lesen mit einer Geschwindigkeit von 300 – 350 wpm und ein Speedreader kann 350 – 1000 wpm erreichen.

Im **zweiten Teil des Lesetests** darfst du nun 10 Fragen zum Inhalt des Textes beantworten. Denn: was nützt dir eine hohe Lesegeschwindigkeit, wenn du nichts oder nur wenig verstanden hast?
Bitte kreuze die Antworten an, die **im Text zu finden sind** (ohne noch einmal in den Text hinein zu blättern):

1. Im Blog „The Conversation" wird berichtet über
a) den hohen positiven Einfluss körperlicher Bewegung auf unsere Gedächtnisleitung.
b) den hohen negativen Einfluss von Facebook auf unsere Konzentrationsfähigkeit.
c) den hohen positiven Einfluss des Lesens auf unsere Lebenszufriedenheit.

2. Wer nur 20-30 Minuten pro Woche liest, hat eine
a) 22 % höhere Selbstachtung.
b) 18 % höhere Selbstachtung.
c) 20 % höhere Selbstachtung.

3. Der Autor sagt, die Lektüre von Romanen fördere
a) die Emotionalität des Lesers/der Leserin.
b) die Empathie des Lesers/der Leserin.
c) die Geduld des Lesers/der Leserin.

4. Lesen hilft uns, unsere alltägliche Sicht auf die Dinge
a) zu bestätigen und somit unsere Meinungen zu festigen.
b) zu überschreiten und mit einem höheren Erfahrungshorizont zu verweben.
c) mit anderen zu teilen und zu diskutieren.

5. Häufiges Freizeit-Lesen kann sogar als Schutz fungieren gegen
a) Demenz. b) Einsamkeit. c) Depressionen.

6. Es gibt die folgende durchschnittliche Anzahl an Befragten, die „selten oder nie“ lesen:
a) 45,4 %?
b) 18,5 %?
c) 33,3 %?

7. Ein trainierter Speed Reader verfügt über
a) größere zeitliche Spielräume für sein privates Lesen.
b) eine größere Allgemeinbildung aufgrund der vielen Inhalte, die er/sie sich „erliest“.
c) bessere Ausdrucksmöglichkeiten und einen größeren Wortschatz.

8. Als Gründe für wenig Zeit, die zum Lesen zur Verfügung steht, nennt der Autor
a) viele Sportaktivitäten, wie Joggen oder Fahrradfahren.
b) Kinder, die nach der Arbeit versorgt werden müssen.
c) Büroarbeit, die am häuslichen Schreibtisch erledigt werden will.

9. Das „Chunken“ ist eine wichtige Speed Reading-Technik und bezeichnet
a) das Nutzen eines Essstäbchens für die Orientierung der Augen.
b) das Beißen auf einem Stift während des Lesens.
c) das Erfassen von Sinngruppen anstatt einzelner Wörter im Text.

10. Bei der Lektüre wichtiger Fachtexte bei der Arbeit oder an der Uni
a) fallen viele Menschen in ein Loch der Langeweile.
b) fallen viele Menschen in die alte Gewohnheit des Nägelkauens zurück.
c) fallen viele Menschen in ein übertrieben vorsichtiges Wort-für-Wort-Lesen zurück.

Die richtigen Antworten wären:
1. c), 2. b), 3. b), 4. b), 5. c), 6. c), 7. a), 8. b), 9. c), 10. c)

Hast du 10 richtige Antworten, so beträgt deine Verständnis 100%.
Hast du 9 richtige Antworten, so beträgt dein Verständnis 90%. Etc.
Ein Verständnis von 80 % ist für die allermeisten Texte absolut ausreichend.

Literaturverzeichnis und Quellen

Zum Thema Frauen & Karriere / Vereinbarkeit

Asgodom, Sabine, *Eigenlob stimmt. Erfolg durch Selbst-PR*, Econ 2011.

Asgodom, Sabine, *Lebe wild und unersättlich*, Kösel 2008.

Asgodom, Sabine, *Erfolg ist sexy!*, Piper 2001.

Asgodom, Sabine, *Balancing – das ideale Gleichgewicht zwischen Beruf und Privatleben*, Econ 2001.

Bolles, Richard Nelson, *Durchstarten zum Traumjob. Das ultimative Handbuch für Ein-, Um- und Aufsteiger*, Campus 2012.

Brost, Marc/Wefing, Heinrich, *Geht alles gar nicht,* Rowohlt 2015.

Diller-Wolff, Antje, *Rabenmütter und Heimchenväter*, Schwarzkopf & Schwarzkopf 2013.

Garsoffky, Susanne / Sembach, Britta, *Vereinbarkeit?! Vom Leben berufstätiger Mütter und Väter,* Bundeszentrale für politische Bildung (bpp) 2014.

Gulder, Angelika, *Finde den Job, der dich glücklich macht*, Campus 2013.

Haas, Martina, *Crashkurs Networking,* C.H.Beck 2014.

Homburg, Elke, *Zurück in den Job. So meistern Mütter ihr berufliches Comeback*, Redline Wirtschaft, 2005.

Hofert, Svenja/Nommensen, Uta, *Wiedereinstieg in den Beruf,* Humboldt 2010.

Kay, Katty/Shipman, Claire, *The Confidence Code*. 2014.

Knaths, Marion, *Spiele mit der Macht*, Piper 2014.

Kolberg, Anja, *Ab 40 reif für den Traumjob*, mvg Verlag 2001.

Modler, Peter, *Das Arroganz Prinzip – So haben Frauen mehr Erfolg im Beruf*, Krüger, 2011.

Pinker, Susan, *The Sexual Paradox. Men, Women and the Real Gender Gap*, Scribner 2008.

Roser, Brigitte, *Das Ende der Ausreden*, Diana Verlag 2010.

Rosin, Hanna, *Das Ende der Männer und der Aufstieg der Frauen*, berlinVerlag 2013.

Sheryl Sandberg, *Lean In – Women, Work and the Will to lead*, WH Allen 2013.

Schneider, Regine, *Gute Mütter arbeiten*, Fischer 1999.

Schneider, Barbara, *Fleißige Frauen arbeiten, schlaue steigen auf*, Goldmann 2011.

Slaughter, Anne Marie, *Was noch zu tun ist*, Kiepenheuer & Witsch 2016.

Stromberg, Lisen, *Work, Pause, Thrive – How to pause for parenthood without killing your career*, BenBella Books 2017.

Weidner, Jens, *Die Peperoni Strategie*, Campus 2011.

Zum Thema Rhetorik und Verhandlungstechniken

Blume, Jutta D., *Gekonnt reden im Beruf*, humboldt 2010.

Kürsteiner, Peter, *Reden, vortragen, begeistern*, Beltz 2002.

Neumann, Reiner/Ross, Alexander, *Souverän auftreten*, Hanser 2009.

Portner, Jutta, *Besser verhandeln – Das Trainingsbuch*, Gabal 2013.

Schulz von Thun, Friedemann, *Miteinander reden*, rororo 2010.

Topf, Cornelia, *Souverän! Wie Sie stark auftreten*, Kösel 2013.

Zum Thema Zeit- und Selbstmanagement

Allen, David, *Getting Things Done*, Penguin 2015.

Demann, Stefanie, *Selbstcoaching. Die 86 besten Tools*, Gabal 2014.

Seiwert, Lothar J., *Wenn du es eilig hast, gehe langsam*, Campus 2008.

Kruckeberg, Katja, *Tausche Abendessen gegen Coaching*, Kösel 2013.

Küstenmacher, Werner Tiki/Seiwert, Lothar J., *Simplify Your Life*, Campus 2016.

Miedaner, Talane, *Coach Yourself to Success*, Contemporary Books Inc. 2001.

Nussbaum, Cordula, *Organisieren Sie schon noch oder leben Sie schon?*, Campus 2012.

Zum Thema effektiver Wissenserwerb und Kreativität

Askeljung, Göran, *BrainRead. Effizienter lesen – mehr behalten*, Linde 2013.

Blakemore, Sarah-Jayne/Frith, Uta, *Wie wir lernen – Was die Hirnforschung darüber weiß*, DVA, 2006.

Buzan, Tony, *Das kleine Mind-Map-Buch*, Goldmann 2014.

Buzan, Tony, *Das Mind-Map-Buch: Die beste Methode zur Steigerung Ihres geistigen Potenzials*, mvg Verlag 2013.

Buzan, Tony, *Speedreading*, MVG 2017.

Cameron, Julia, *Der Weg des Künstlers*, Knaur 2009.

DeBono, Eward, *DeBonos Neue Denkschule*, mvg 2005.

Hofmann, Markus, *Hirn in Hochform*, Ueberreuter 2013.

Kleon, Austin, *Alles nur geklaut*, Mosaik 2013.

Kleon, Austin, *Show your work!*, Mosaik 2016.

Krengel, Martin, *Bestnote*, Eazybookz 2012.

Krengel, Martin, *Golden Rules – erfolgreich lernen und arbeiten*, Eazybookz 2013.

Medina, John, *Gehirn und Erfolg*, Spektrum 2009.

Plötz, Felix, *Little Life-Changing Booklet*, Amazon 2013.

Jakobson Ramin, Cathryn, *Carved in Sand. When Attention fails and Memory fades in Midlife*, HarperCollins, 2007.

Schmitz, Wolfgang, *Schneller lesen – besser verstehen*, rororo 2008.

Staub, Gregor, *Mega Memory*, mvg 2013.

Zum Thema Meditation & Entspannungstechniken

Hamilton, Hillari, *MasterPeace Meditations*, Audiobook, ISBN 845121090437

Mannschatz, Marie, *Meditation: Mehr Klarheit und innere Ruhe*, GU 2010.

Thich Nhat Hanh, *Das Wunder der Achtsamkeit*, Theseus Verlag 2007.

Danksagung

Ich danke meiner exzellenten Schreibcoach und Freundin Magdalena – ohne dich hätte ich es nicht geschafft, dieses Werk so schnell zu fertig zu stellen. Und ich danke meinen beiden ausgezeichneten Illustratorinnen Claudia und Susanne – dank eurer Ideen und Kreativität ist das Buch ein richtiger Augenschmaus geworden!

Danke auch an die vielen Frauen, deren Erfahrungen und Erlebnisse ich hier verarbeiten durfte – eure Offenheit und eure Inspiration sind Gold wert.

Außerdem natürlich tausend Dank meiner Familie, die ihr mich bei all den Ups and Downs ertragen und immer wieder ermutigt habt – ihr seid die Besten!

Impressum

Autorin: Katrin Bringmann

Verlag: Joy Edition Buchverlag, E-Books and more …
D-71296 Heimsheim, www.joyedition.de

Druck: Printsystem GmbH, D-71296 Heimsheim
www.printsystem.de

Buchgestaltung und Illustration:
Claudia Huboi, kreisrund.wortplusbild Köln,
Susanne Nöllgen, GrafikBüro Berlin

Lektorat, Korrektorat: Magdalena Felixa, Yvonne Franke

1. Auflage, April 2018

Der Umwelt zuliebe gedruckt auf umweltfreundlichem, chlor- und säurefrei gebleichtem Papier.

Print: ISBN 978-3-945833-87-2
E-Book: ISBN 978-3-944815-83-1